T E C H N I K E R

Die Formelsammlung für

**Staatlich geprüfte Techniker
&
Staatlich anerkannte Techniker**

Autor
Michael Kuntze
Staatl. gepr. Techniker FR Bautechnik SP Hochbau
CEO KIM REAL ESTATE – www.kimag.de

Mit Bezug zum „Schneider für Architekten" inkl. Seitennennung und Berechnungsbeispielen.

Herstellung und Verlag
Books on Demand GmbH, Norderstedt

ISBN:
978-3-8423-8208-4

Inhaltsverzeichnis

1. Haustechnik

1.1. Zustandsgrößen 07
1.2. Druckarten 07
1.3.1. Thermische Zustandsgleichung idealer Gase 08
1.3.2. Zustandsgleichung für eine Zustandsveränderung 08
1.4. Energiearten, Energieformen und Energieerhaltungssatz 08
1.5. Wärmeübertragung, Grundarten der Wärmeübertragung 09
1.6. Dimensionierung von Installationen 09
1.7. Zusätzliche Drücke 09

2. Bauphysik - Schall

2.1. Luftschall 10
2.2. Trittschall 10
2.3. Außenlärm 10
2.4. Außenlärm mit Dunkelfeldern 10
2.5. Resonanzfrequenz 11
2.6. Schallstärke / Schallintensität 11
2.7. Schalldruck / Schallwechseldruck (p) 11
2.8. Schallpegel / Schalldruckpegel (L) 11
2.9. Lautstärke (phon) 11
2.10. Lautheit (S) (sone) 11
2.11. Frequenz 11
2.12. Schallstärke 11
2.13. Schwingungsform Klang 12
2.14. Luftschall 12
2.15. Körperschall 12
2.16. Eigene Ergänzungen 12

3. Angebot / Vergabe / Ausschreibung

3.1. Kalkulatorische Abschreibung 13
3.2. Kalkulatorische Verzinsung 13
3.3. Kalkulatorische Reparaturkosten 13
3.4. Gerätekostenvorhaltung 13
3.5. Eigene Ergänzungen 13

4. Baupyhsik

4.1. Temperatur T_i 14
4.2. Wärmemenge Q / Wärmeenergie 14
4.3. Wärmestrom Q 14
4.4. Wärmestromdichte q 14
4.5. Wärmedehnung 14
4.6. Wärmespannung 14
4.7. Dehnungsfuge 14
4.8. Wärmestrahlung 14
4.9. Wärmeleitung 15
4.10. Stationärer Wärmedurchgang 15
4.11. Wärmedurchgang durch ein ebenes Bauteil 15
4.12. Leitwert 15
4.13. Wärmedurchgangskoeffizient h für innen hsi und außen hse 15
4.14. Wärmedurchlasswert / Leitwert Λ 15

4.15. Spezifische Wärmeleitfähigkeit λ 15
4.16. Wärmedurchgangskoeffizient U.. 15
4.17. Wärmedurchgangswiderstand R für innen Rsi und außen Rse. 15
4.18. Wärmedurchgangswiderstand R_T.. 16
4.19. Unterschied zwischen R und U Wert 16
4.20. Flächebezogene Masse 16
4.21. Erforderlicher Mindestwärmeschutz nach DIN 4108 16
4.22. Stoffdicken- Berechnung.. 16
4.23. Transmissionswärmeverlust 17
4.24. Energieverlust Q.. 17
4.25. Eigene Ergänzungen 17

5. Beton- und Stahlbetonbau

5.1. Bemessungswert der Einwirkungen Ed 18
5.2. Querkräfte... 19
5.3. Nutzhöhe D für Balken und Platten 19
5.4. Hebelarm für innere Kräfte Z 19
5.5. Druckzonenhöhe X 19
5.6. Bemessung mit Dimensionsgebundenen Bemessungstafeln (kd – Verfahren) 19
5.7. Stahlquerschnitte Ks 19
5.8. Algorithmus für Bemessungen... 20
5.8.1. Geometrie 20
5.8.2. Belastungen / Einwirkungen.. 20
5.8.3. Stütz- und Schnittgrößen... 20
5.8.4. Biegebemessung 20
5.9. Betondeckung.. 20
5.9.1. Betondeckung für Brandschutz 20
5.9.2. Betondeckung für Korrosionsschutz 20
5.10. Nutzhöhe d 20
5.11. Plattendicke h 21
5.12. Ersatzstützweite li.. 21
5.13. Begrenzung der Biegeschlankheit... 21
5.14. Balken als Einfeldträger 21
5.14.1. Geometrie.. 21
5.14.2. Belastungen 21
5.14.3. Stütz- und Schnittgrößen... 22
5.14.4. Biegebemessung 22
5.14.5. Querkraftbemessung... 22
5.14.6. Zugkraftdeckung.. 23
5.15. Eigene Ergänzungen 23
5.16. Brandschutz... 24
5.17. Korrosionsschutz 24
5.18. Berechnung bei Platten wie Decken und Wände 24
5.19. Berechnungsreihenfolgen.. 24

6. Mathematik – Grundlagen Kurvendiskussion

6.1. Potenzregel 25
6.2. Summenregel 25
6.3. Produktregel.. 25
6.4. Quotientenregel 25
6.5. Kettenregel.. 25
6.6. Hoch- und Tiefpunkte.. 25
6.7. Wendepunkte 25
6.8. Punktrichtungsgleichung... 25
6.9. Wendetangente.. 25
6.10. Basis e 25

6.11. lne 25
6.12. Ableitung einer e – Funktion.. 26
6.13. Nullstellen (y=0) 26
6.14. Satz vom Nullprodukt... 26
6.15. Logarithmusfunktion 26
6.16. Dekadischer Logarithmus... 26
6.17. Natürlicher Logarithmus 26
6.18. Binärer Logarithmus... 26
6.19. Natürlicher Logarithmus 26
6.20. ln – Ableitungen 26
6.21. Symmetrie... 26
6.22. Eigene Ergänzungen 27

7. Tiefbau - Grundlagen

7.1. Bodenarten... 28
7.2. Siebanalysenrechnung 28
7.2.1. Ungleichförmigkeitszahl U... 28
7.2.2. Krümmungszahl C 28
7.2.3. Konsistenzzahl Ic 28
7.2.4. Plastizitätszahl Ip 28
7.2.5. Wassergehalt W 28
7.3. Plastizitätsgrenzen... 28
7.4. Dichte Berechnung 29
7.4.1. Kornrohdichte 29
7.4.2. Trockendichte 29
7.4.3. Feuchtdichte 29
7.4.4. Sättigungsdichte.. 29
7.4.5. Auftriebsdichte 29
7.5. Wichte Berechnung 29
7.5.1. Kornwichte 29
7.5.2. Trockenwichte. 29
7.5.3. Feuchtewichte 29
7.5.4. Sättigungswichte 29
7.5.5. Auftriebswichte 29
7.6. Eigene Ergänzungen 29
7.7. Bemessung und Nachweis von Fundamenten.. 30
7.7.1. Lastannahmen 30
7.7.2. Fundamentabmessungen 30
7.7.3. Fundamenthöhe 30
7.7.4. Fundamenteigenlast 30
7.7.5. Nachweis Sohldruckspannung.. 31

8. Holzbau

8.1. Gerade Biegestäbe mit Rechteckquerschnitt... 32
8.1.1. Belastungen zusammenstellen... 32
8.1.2. Stütz- und Schnittgrüßen ermitteln 32
8.1.3. Vorbemessung und Bemessung 32
8.1.4. Nachweise führen, Biegenachweis 32
8.1.5. Schubspannungsnachweis.. 33
8.1.6. Gebrauchstauglichkeit / Durchbiegungsnachweis....................................... 33
8.2. Nachweis Druckstab.. 34
8.3. Nachweis Zugstab 34
8.4. Nachweis Knickgefahr 35

9. Physik - Grundlagen

9.1. Kräfte- und Kraftarten 36
.... Schwerkraft FG 36
.... Reibungskraft FR 36
.... Luftwiderstandskraft FL 36
.... Trägheitskraft 36
.... Normalkraft 36
.... Hangabtriebskraft 36
.... Beschleunigungskraft 37
.... Zentripedalkraft / Radialkraft 37
.... Fliehkraft / Zentrifugalkraft 37
.... Federkraft 37
9.2. Spannung 37
9.3. Dehnung 38
9.4. Schubspannung / Schiebung 38
9.5. Federung 38
9.6. Arbeit W / Energie E / Leistung P 38
.... Mechanische Arbeit Wmech 38
.... Arbeit W 39
.... Energie E 39
.... Potentielle Energie Epot 39
.... Kinetische Energie Ekin 39
.... Verschiebungsarbeit 39
.... Hubarbeit 39
.... Federspannarbeit 39
.... Reibungsarbeit 40
.... Beschleunigungsarbeit 40
.... EES – Energieerhaltungssatz 40
9.7. Leistung P und Wirkungsgrad n 40
.... Leistung P 40
.... Wirkungsgrad n 41
9.8. Impuls P und Kraftstoß 41
.... Impuls P 41
.... Unelastischer Stoß 41
.... Elastischer Stoß 42
9.9. Eigene Ergänzungen 42

10. Statik - Grundlagen

10.1. Regeln zur Ermittlung und Darstellung der Schnittkräfte 43
10.1.1. Normalkräfte 43
10.1.2. Querkräfte 43
10.1.3. Querkraftnullstelle 43
10.2. Biegemomente 43
10.3. Eigene Ergänzungen 43
10.4. Beispiel zur o. g. Berechnung 44
10.5. Vorzeichenregelung 44
10.6. Zugspannungen 45
10.7. Zugbeanspruchte Stahlbauteile 46
10.8. Zugstäbe aus Holz 47
10.9. Winkelfunktionen 47
.... Sinus 47
.... Cosinus 47
.... Tangens 47
10.10. Geneigte Träger mit Einzellasten 48
10.11. Geneigte Träger mit Streckenlasten 49
10.12. Trägheitsmoment 50

10.13. Durchbiegung fmitte.. 50
10.14. Biegespannung Sigma B 50
10.15. Elastizitätsmodul... 51
10.16. Widerstandsmoment W 51
10.17. DLT – Durchlaufträger 51
10.18. 3 Momentengleichung nach Clapeyron 52
10.19. Nullstellengleichung 53
10.20. Eigene Ergänzungen 53
Schlusswort 56

Dieses Buch verweist auf Hilfstabellen aus dem Schneider für Architekten, Auflage 16. Die Verweise sind immer mit einem „S" und der zugehörigen Tafel „XX.XX" gekennzeichnet. Als Beispiel: S.10.16.

Kapitel 1 – Haustechnik

1.1. - Zustandsgrößen, Angaben einer Eigenschaft eines Stoffes die messbar ist

Größe	Nr.	Formel	Erläuterung
Masse m			$[m] = kg; t = 10^3 kg$
Volumen V			$[V] = m^3; l = dm^3 \Rightarrow 10^3 l = 1 m^3$
Dichte ς	1.1	$\varsigma = \dfrac{m}{V} \Rightarrow [\varsigma] = \dfrac{kg}{m^3}; \dfrac{kg}{dm^3}$	= Zusammenhang zwischen m und V
Spezifisches Volumen v	1.2.	$v = \dfrac{V}{m} \Rightarrow [v] = \dfrac{m^3}{kg}$	1.3.a $v = \dfrac{1}{\varsigma}$ 1.3.b $\varsigma = \dfrac{1}{v}$ **Das spezifische Volumen = der Kehrwert der Dichte !**
Normvolumen V_n			$[V_N] = m^3$ **Normkubikmeter:** Gasmenge die im Normzustand [Tn=273,15K (tn=0°C); pn=1,01325 bar (pn=760 Torr = 1 atm)] das Volumen von 1m³ einnimmt.
Temperatur T		Absolute Temperatur $[T] = K$ Experimentelle Temperatur $[t] = °C \Rightarrow ([\theta]; [v])$ Temperaturdifferenzen können über °C oder K gebildet werden. Sie haben in beiden Fällen den gleichen Zahlenwert und als Einheit [K]! Bei Gleichungen bei denen T vorkommt muss immer mit der absoluten Temperatur in [K] gearbeitet werden!	$t = 20°C \xrightarrow[-273,15K]{+273,15K} T = 293,15K$
Druck P	1.4.	$p = \dfrac{F_N}{A} \Rightarrow [p] = \dfrac{N}{m^2} = Pa$	Bei Druck Normalkraft.

1.2. - Druckarten, Umrechnungen und weitere Druckeinheiten siehe Tabelle T.1.1.

Größe	Nr.	Formel	Erläuterung
Absoluter Druck p Umgebungsdruck p_{amb} Überdruck $p_ü$ Unterdruck p_u	1.5.a,b.	$p = p_{amb} + p_ü$ $p = p_{amb} - p_u$	
Statischer Druck p_{st}			Ist der Druck auf die Wandung eines Rohres oder Behälters. Er wird allgemein als Druck einer Flüssigkeit oder eines Gases bezeichnet. (Der Grund hierfür ist dass Stoffwerte von Gasen und Flüssigkeiten in Tabellen abhängig von absoluten statischen Druck angegeben werden.)
Dynamischer Druck p_{dyn}	1.6.	$p_{DYN} = \dfrac{\varsigma \times v^2}{2}$	Ist notwendig um Medien die Strömungsgeschwindigkeit (v oder c) zu erteilen. Die Messung erfolgt mithilfe von einem „Dynamischen Staurohr".
Geodätischer Druck p_{GEO}	1.7.	$p_{GEO} = \varsigma \times g \times H$	g = 9,81 m/s² H = Höhe
Gesamtdruck p_{GES}	1.8.		p_{st} = absoluter statischer Druck

		$p_{GES} = p_{ST} + p_{DYN} + p_{GEO}$	
1.3.1. - Thermische Zustandsgleichung idealer Gase			
Spezielle Gaskonstante R	1.9.	$R = \dfrac{p \times V}{T}$	p → absoluter statischer Druck T → absolute Temperatur in [K] v → spezifisches Volumen ideales Gas: p < 25 bar (außer Dämpfe)
	1.3.a in 1.9.	$R = \dfrac{p \times 1}{\varsigma \times T}$	
	1.10	$\varsigma = \dfrac{p}{R \times T}$	1. Je Höher der Druck → je größer wird die Dichte 2. Je höher die Temperatur → Je kleiner wird die Dichte (Ursache für den thermischen Auftrieb der Gase)
	1.11.a. → ruhendes Gas: $p \times V = m \times R \times T$ 1.11.b. → strömendes Gas: $p \times \dot{V} = \dot{m} \times R \times T$		Volumenstrom: $\dot{V} = \dfrac{Volumen}{Zeit}$ Massenstrom $\dot{m} = \dfrac{Masse}{Zeit}$
1.3.2. - Thermische Zustandsgleichung für eine Zustandsänderung			
	1.12.	$\dfrac{p_1 \times v_1}{T_1} = \dfrac{p_2 \times v_2}{T_2}$	
	1.13.	$\dfrac{p_1}{\varsigma_1 \times T_1} = \dfrac{p_2}{\varsigma_2 \times T_2}$	
	1.14.a. → ruhendes Gas: $\dfrac{p_1 \times V_1}{T_1} = \dfrac{p_2 \times V_2}{T_2}$ 1.14.b. → strömendes Gas: $\dfrac{p_1 \times \dot{V}_1}{T_1} = \dfrac{p_2 \times \dot{V}_2}{T_2}$		
1.4. - Energiearten, Energieformen und Energieerhaltungssatz			
Arbeit W		$W = F \times s$	$[W] = Nm = Ws; kWh$
Leistung P		$P = \dfrac{Arbeit}{Zeit} = \dfrac{W}{t}$	$[P] = W; kW$
Wärme Q	Wärmestrom = Wärmeleistung $\dot{Q} = \Phi = \dfrac{Wärme}{Zeiteinheit}$ $[Q] = J = Ws; [\dot{Q}] = Js = W$		„adiabate" Wand heißt zu 100% Wärmedicht und ist heutzutage schon erreicht worden. Wärme tritt dann auf wenn 2 Körper mit unterschiedlichen Temperaturen vorliegen.
Energieerhaltungssatz	1.15. $\Sigma W_{ZU-ANFANG} = \Sigma W_{AB-ENDE}$		
Wärmestrom ruhendes Medium	1.16.a. → Wasser $Q_W = m_W \times c_W \times \Delta T_W$ 1.16.b. → Gas $Q_G = m_G \times c_V \times \Delta T_S$		c_v → spezifische Wärmekapazität bei konstanten Volumen!
Wärmestrom strömendes Medium	1.17.a. → Wasser $\dot{Q}_W = \dot{m}_W \times C_W \times \Delta T_W$ 1.17.b. → GAS $\dot{Q}_G = \dot{m}_G \times C_P \times \Delta T_S$		C_W = Spezifische Wärmekapazität von Wasser C_W = 4,19 kj / kg x K = 1,163 Wh / kg x K

1.5. - Wärmeübertragung, Grundarten der Wärmeübertragung

Wärmeübergang WÜ	Wü = K und / oder WS	Kombination von Grundvorgängen
Wärmeleitung WL		Transport von Energie in einen festen Körper oder ruhenden Flüssigkeiten sowie ruhenden Gasen.
Konvektion K	a. freie Konvektion FK b. erzwungene Konvektion EK	Vorraussetzung ist eine feste Oberfläche sowie ein bewegliches Medium wie bsp. ein Heizkörper.
Wärmestrahlung WS	Vorraussetzung Sender <> Empfänger	Transport der Energie mittels Elektromagnetischer Wellen → Stoffunabhängig → auch im Vakuum möglich.
Wärmedurchgang WD	$WD = \dfrac{K - und/oder - WS}{W\ddot{U}} + WL$	Kombination der 3 Teilvorgänge wobei nicht alle da sein müssen.
SONSTIGE	Alt: $$k = \dfrac{1}{\dfrac{1}{\alpha_i} + \sum \dfrac{s_i}{\lambda_i} + \dfrac{1}{\alpha_a}} \Rightarrow \dfrac{1}{k} = \dfrac{1}{\alpha_i} + \sum \dfrac{s_i}{\lambda_i} + \dfrac{1}{\alpha_a}$$ $$R_K = R_i + R_\lambda + R_a$$	
	Neu: $$U = \dfrac{1}{\dfrac{1}{h_{SI}} + \sum \dfrac{d_i}{\lambda_i} + \dfrac{1}{h_{SE}}} \Rightarrow \dfrac{1}{U} = \dfrac{1}{h_{SI}} + \sum \dfrac{d_i}{\lambda_i} + \dfrac{1}{h_{SE}}$$ $$R_T = R_{SI} + R + R_{SE}$$	
Erforderliche Dämmstoffdicke dwd	$d_{WD} = (R_{T.zul.} - R_{T.vorh.}) \times \lambda_{WP} - in - [m]$	

1.6. - Dimensionierung von Installationen

Druckverlust ^p		Der Druckverlust ist die Differenz der Drücke an 2 um die Länge l voneinander entfernten Messstellen in einem von einem beliebigen Medium durchströmten Rohr oder Kanal. Er ist abhängig vom: - Durchmesser d - m° oder v° - Länger der Leitung l - Rohrmaterial, Rohrrauhigkeit k - Einbauten - Höhenunterschied

1.7. - Zusätzliche Drücke

Fließdruck	Ist der statische Überdruck eines strömenden Mediums (Absperrorgane offen). Er dient zur Überprüfung der Versorgungssicherheit und zum Einstellen der Leistung (Durchfluss) von Geräten.	Fließdruck pfl = pe (offen), pFL
Ruhedruck	Ist der statische Überdruck einen ruhenden Mediums (Absperrorgane geschlossen). Er dient zur Überprüfung der Dichtheit der Leitung. $p_FL < p_R$	Ruhedruck pr (geschlossen), pR
	2.1. $\Delta p_R = R \times l$	**Druckverlust in den Teilstrecken:**
	2.2. $\Delta p_Z = \sum_{i=1}^{n} \xi_i \times z$	Die Teilstrecke ist eine Rohrstrecke in der sich der Massenstrom in bzw. der Durchmesser d nicht ändert. Bei der Berechnung beginnt man mit dem T-Stück bzw. Reuzierstück mit dem die Teilstrecke anfängt. Die Berechnung endet vor dem nächsten T- bzw. Reduzierstück. Der Druckverlust der Teilstrecken ergibt sich aus den nebenstehenden Formeln.
	2.3. $\Delta p_{TS} = R \times l + Z$	
	2.4. $\Delta p_{GES} = \sum_{i=1}^{n} \Delta p_{T.SI}$	

Kapitel 2 – Bauphysik - Schall

2.1. Luftschall

Luftschall	Nachweis: $erf.R'w \leq vorh.R'w$ Berechnung: $vorh.R'w = ((28 \log m') - 20)$ Größenrechnung: $m' = \rho \times d$ Verbesserungen: $erf.d_{WAND} = \dfrac{m'_{GES} - m'_{andererBaustoffe}}{\rho_{WAND}}$ $m'_{GES} = 10^{\frac{vorh.R'w + 20}{28}}$ $erf.\rho_{WD} = \dfrac{m'_{GES} - 2 \times m'_{PUTZetc}}{Wandstärke}$ Mit Flanken: → 1. R'w ohne Flanken berechnen $m'_{L,MITTEL} = \dfrac{1}{n} \times (m'_1 + m'_2 + m'_{...})$ →K_{L1} aus S.10.59 ablesen, bei zweischaligen K_{L2} auch ablesen, zu vorh.R'w addieren, Nachweis!!!	erf.R'w → S.10.47 Rechenwerte → S.10.54 (Rohdichten, m', etc. pp.) Verbesserungen: → über „erf. d." → über S.10.54 d → über „erf. p." → S.10.55 Hinweis: Bei Rohdichteangabe wird der Tabellenwert S.10.54 a vom Mauerwerk angenommen. MW = S.10.54 a Bet. = S.10.54 b Putz = S.10.54 c Bei Decken bsp. S.10.58 b [zur Verbesserung] Mit Flanken: S.10.59/60 erf.R'w nach S.10.55

2.2. Trittschall

Trittschall	Nachweis: $erf.L'n,w \geq vorh.L'n,w + 2dB$ Berechnung: $vorh.L'n,w = L_{n,w,eq} - \Delta L_w - K_T$ ↓ ↓ ↓ Schneider: 10.64a 10.65a 10.64b	Verbesserung: Über Steifigkeit s' auf S.10.64a **Treppenpodeste:** S.10.65 b

2.3. Außenlärm

Außenlärm	Ermittlung: → L_{AM} = Nomogramm – S.10.52 →L_{AM}→S.10.51 Lärmpegelbereich → Lärmpegelbereich → erf. R'$_{w,res}$	Ermittlung nach angegebner Reihenfolge!

2.4. Außenlärm mit Dunkelfeldern

Außenlärm mit Dunkelfeld (Fenster)	Durch Lärmpegelbereich nach S.10.51a erf.R'$_{w,res}$ ermitteln. Fensterflächenanteil ermitteln $f = \dfrac{A_{FENSTER}}{A_{WAND}} \times 100 = X\%$ S.10.51c → erf.R' und f in %	Ermittlung nach angegebner Reihenfolge!

	→ R'$_{w,w}$ sowie R'$_{w,F}$	
2.5. Resonanzfrequenz		
Resonanzfrequenz	Eventuell Formel umstellen! f=1/(2*\pi*sqrt(L*C))	S.10.62

2.6. Schallstärke / Schallintensität (I)		
Schallstärke, Schallintensität I	$I = \dfrac{E_{Schall}(Energie)}{A_{Abstrahl/Aufnahmefläche} \times t}$ $I = \dfrac{P^2}{\rho \times c} in[W/m^2]$	Intensität ist Energie, die pro Fläche und Zeit aufgenommen oder abgegeben werden kann. p ist eine rein physikalische Bewertungsgröße, berücksichtigt nicht Frequenz- und Schallstärkeabhängigkeit.
2.7. Schalldruck / Schallwechseldruck (p)		
Schalldruck Schallwechseldruck p	$\Delta \bar{p} = \rho \times c \times \bar{y} \times \omega$ $p_{eff} = \rho \times c \times v_{eff}$	Veff = Maximalwerte aus der Praxis, messbar Schallwechseldruck = Sinuskurve wie bei Wechselstrom
2.8. Schallpegel / Schalldruckpegel (L)		
Schallpegel Schalldruckpegel L	$L = 10 \log \dfrac{I}{I_0} \Rightarrow [dB]$ $L_0 = 20 \log \dfrac{P_0}{p_0} \Rightarrow [dB]$ Messgerät = Schallpegelmesser	Berücksichtigt das Schallstärkeabhängige Hören durch Logarithmus. I dient nur als Bezugsgröße um die Einheiten zu kürzen, 10 ist der Faktor um die Skala praktikabel zu machen Der bewertete Schallpegel berücksichtigt annähernd das frequenzabhängige sowie das schallstärkeabhängige Hören durch Einschalten von Frequenzfiltern die Frequenzen in 3 Bereiche aufteilt. Für Tiefe Freq. = Abschlag Für Hohe Freq. = Zuschlag Zu L – Wert.
2.9. Lautsärke (phon)		
Lautstärke ^ (phon)	Bei 1 kHz gilt: $L \equiv \Lambda$ <table><tr><th>f in Hz</th><th>L in dB</th><th>Phon</th></tr><tr><td>1000</td><td>60</td><td>60</td></tr><tr><td>63</td><td>70</td><td>55</td></tr><tr><td>4000</td><td>88</td><td>100</td></tr><tr><td>16</td><td>80</td><td>0</td></tr></table>	Die Lautstärke phon ist eine rein physiologische Lautstärke, die empirisch ermittelt wird.
2.10. Lautheit (S) (sone)		
Lautheit S (sone)	$\Lambda = 40\,phone \Rightarrow L = 1sone \Downarrow\Downarrow\Downarrow$ $\Lambda = 50\,phone \Rightarrow L \times \dfrac{phone-40}{10} = Xsone$	Bewertungsgröße für den Innenarchitekten, gilt für Wohnbereiche L=400dB Bei Veränderung um 10 phone bzw. 10 dB verdoppelt sich die Lautheit (oder halbiert sich)
2.11. Frequenz		
Frequenz	Abhängigkeiten d. H. d. M.	Bei gleicher Schallstärke (Volumen) nimmt der Mensch tiefe Töne (Frequenzen) weniger intensiv wahr als hohe Töne.
2.12. Schallstärke		
Schallstärke	$Empfindung \approx \log I$ $\Downarrow$ $L \approx \log I$	Bei gleicher Intensitätsänderung werden tiefe Frequenzen zum höheren Frequenzen mehr wahr genommen als von höheren zu noch höheren.

2.13. Schwingungsform Klang

Schwingungsform Klang	Abhängigkeiten d. H. d. M.	Klang kann nicht messtechnisch oder mathematisch ermittelt werden.

2.14. Luftschall

Luftschall	Dämmung:	(*Schallausbreitung*) Erfolgt in Aggregatzuständen. Am Bauwerk erfolgt die Übertragung über Haupt und Nebenwege. Bezieht sich auf Schallenergieverlust innerhalb eines Mediums

2.15. Körperschall

Körperschall	Absorption:	Maßnahmen zur Minderung der Schwingungsübertragung vom Bauteil zu Bauteil

2.16. Eigene Ergänzungen

Kapitel 3 – Angebot / Vergabe / Ausschreibung

	Pro Jahr	Pro Monat	Pro Vorhaltestunde Vh	Pro Einsatzstunde Eh	Pro Leistungsstunde LE
3.1. Kalkulatorische Abschreibung	$K_A = \dfrac{A}{n} = a_S \times A$	$K_A{}^{Mon} = \dfrac{K_A}{12 \times B}$	$K_A{}^{Vh} = \dfrac{K_A{}^{Mon}}{170}$	$K_A{}^{Eh} = \dfrac{K_A{}^{Mon}}{170 \times x_n}$	$K_A{}^{LE} = \dfrac{K_A{}^{Eh}}{Q_N}$
3.2. Kalkulatorische Verzinsung	$K_Z = \dfrac{A}{2} \times p$	$K_Z{}^{Mon} = \dfrac{K_Z}{12 \times B}$	$K_Z{}^{Vh} = \dfrac{K_Z{}^{Mon}}{170}$	$K_Z{}^{Eh} = \dfrac{K_Z{}^{Mon}}{170 \times x_n}$	$K_Z{}^{LE} = \dfrac{K_Z{}^{Eh}}{Q_N}$
3.3. Kalkulatorische Reparaturkosten	$K_R = r_S \times K_A$	$K_R{}^{Mon} = \dfrac{K_R}{12 \times B}$	$K_R{}^{Vh} = \dfrac{K_R{}^{Mon}}{170}$	$K_R{}^{Eh} = \dfrac{K_R{}^{Mon}}{170 \times x_n}$	$K_R{}^{LE} = \dfrac{K_R{}^{Eh}}{Q_N}$
3.4. Gerätevorhaltekosten	$K_V = K_A + K_Z + K_R$	$\sum$	$\sum$	$\sum$	$\sum$

3.5. Eigene Ergänzungen

Kapitel 4 – Bauphysik

4.1. Temperatur Ti

	$\Sigma_{KIN} = \dfrac{3}{2} K_T \Rightarrow \Sigma_{KIN} \cong T$	$°F = \dfrac{9}{5} \times C° + 32$ $C° = \dfrac{5}{9} \times (°F - 32)$	$K = C° + 273,15$ $C° = K - 273,15$

4.2. Wärmemenge Q / Wärmeenergie

	$Q = m \times c \times \Delta\Theta$	$[c] = \dfrac{J}{kg \times K}$	m= Masse: $m = \delta \times V$

4.3. Wärmestrom Q

	$\Phi = Q = \dfrac{\Delta Q}{\Delta t} = \dfrac{Wärmeenergie}{Zeit} \Rightarrow$ $[\Phi] = \dfrac{J}{s} = \dfrac{W}{s} = 1W$

4.4. Wärmestromdichte q

	$q = \dfrac{\Phi}{A} = \dfrac{Q}{A \times t} \Rightarrow$ $[q] = \dfrac{W \times s}{m^2 \times s} = \dfrac{W}{m^2} \Rightarrow Indensitätsgröße$

4.5. Wärmedehnung

	$\Delta l = \alpha \times l_0 \times \Delta\Theta \Rightarrow l_E = l_A + \Delta l$	$[\alpha] = \dfrac{1}{K} = \dfrac{m}{m \times K} \Rightarrow SI - fremd$ $\Rightarrow [\alpha] = \dfrac{mm}{m \times K} \Rightarrow Temperaturdehnzah$	α Beton: $12 \times 10^{-6} \dfrac{1}{K}$ α PVC $80 \times 10^{-6} \dfrac{1}{K}$

4.6. Wärmespannung

	$\delta_{WÄRME} = \dfrac{\Delta l}{l_0} \times E = \dfrac{\alpha \times l_0 \times \Delta\Theta}{l_0}$ $\Rightarrow \delta_{WÄRME} = \alpha \times E \times \Delta\Theta$	$[\delta] = \dfrac{N}{m^2} = 1Pa$ $[\Sigma] = \dfrac{m}{m} = 1$ $[E] = \dfrac{N}{m^2} = 1Pa$	$\delta = \dfrac{F}{A}$ $\Sigma = \dfrac{\Delta l}{l_0}$ $E = \dfrac{\delta}{\Sigma}$

4.7. Dehnungsfuge

	$\Delta l = \alpha \times l_0 \times \Delta\Theta$

4.8. Wärmestrahlung

	$E = h \times f$ $c = \lambda \times A$ elektromagnetisches Spektrum	$\dfrac{R - Or - Ge - Gr - Bl - Vi}{\lambda - nimmt - zu}$ $\Leftarrow\Leftarrow\Leftarrow\Leftarrow\Leftarrow\Leftarrow$ $f - nimmt - ab$	Absorptionsgrad = Emissionsgrad $\alpha \quad = \quad \Sigma$

4.9. Wärmeleitung

Wärmetransport zwischen den Teilchen fester, flüssiger und gasförmiger Stoffe. Ist Stoffgebunden und wichtigste Transportart im Bauwesen. Wärmeleitung erfolgt zwischen der Bauteilinnenoberfläche und der Bauteilaußenoberfläche. Der „Motor" des Wärmestromes ist das Temperaturgefälle. Der Wärmetransport durch ein Bauteil kann mittels einer Wärmeleitgleichung (Differenzialgleichung) genau beschrieben werden. Siehe allg. Wärmeleitgleichung.

4.10. Stationärer Wärmedurchgang

| *Winterlicher Wärmeschutz:* Temperatur ist zeitlich konstant. Es werden für innen und außen Temperaturen festgelegt. Z.B. winterlicher Wärmeschutz. I=20°C / e=-10°C bei feuchte e=-15°C bei Winkel WS. Es gibt keine zusätzlichen Wärmequellen. Es wird nur eine Strömungsrichtung (entspr. Bauteildichte)_|_ zur Bauteilebene betrachtet. Temperatur ist zeitabhängig und wird für außen und innen festgelegt. *Stationärer Wärmedurchgang / Transport* | Sommerlicher Wärmeschutz: Wärme geht von außen nach innen. Es kann nur der instationäre Wärmeschutz betrachtet werden. Ist der allgemeine Fall bei dem die Temperatur zeitabhängig ist. In der Konstruktion entseht zwischen innen und außen eine Temperaturwelle. | Ph. Blatt Z. 2.4. |

4.11. Wärmedurchgang durch ein ebenes Bauteil

Übergang Innen — Wärme durchlaß — Übergang außen

Strömung | Leitung | Strömung

Strahlung | | Strahlung

4.12. Leitwert

| Der Leitwert gibt an welcher Wärmestrom / Wärmeleistung pro m² und Kelvin Temperaturdifferenz durch ein bauteil fließt. Er berücksichtigt nicht die Übergänge. | $1 = \dfrac{\lambda}{d}$ |

4.13. Wärmedurchgangskoeffizient innen und außen (hsi + hse)

| h_{SI} | Wärmedurchgangskoeffizient innen | → | Werden pauschal ermittelt siehe Tab. „S" 10.18 ff. |
| h_{se} | Wärmedurchgangskoeffizient außen | → | |

4.14. Wärmedurchlasswert / Leitwert Λ

Leitwert, Wärmedurchlasswert

4.15. Spezifische Wärmeleitfähigkeit λ

| Spezifische Wärmeleitfähigkeit Sollte immer klein sein. | $\dfrac{W}{m^2 \times K}$ | Siehe „S" 10.18. ff. Stoffkonstante |

4.16. Wärmedurchgangskoeffizient U

| Wärmedurchgangskoeffizient, setzt sich aus Hsi, Hse und R zusammen. | | $U = \dfrac{1}{R_T}$ |

4.17. Wärmdedurchgangswiderstand R für innen und außen Rsi + Rse

| R_{SI} | Wärmedurchgangswiderstand innen „S" 10.27 ff. | $\dfrac{m^2 \times K}{W}$ | $R_{SI} = \dfrac{1}{h_{si}}$ |
| R_{SE} | Wärmedurchgangswiderstand außen | | $R_{SE} = \dfrac{1}{h_{se}}$ |

R	Wärmedurchlasswiderstand, Wärmedämmwert Sollte immer groß sein.		$R = \dfrac{1}{\lambda}$ $R = \sum \dfrac{d}{\lambda}$ $R = \dfrac{1}{R_{SI} + \sum R + R_{SE}}$ $R = \sum_{V=1}^{n} \dfrac{d_X}{\lambda_K}$ $R = \dfrac{Bauteildicke(m)}{\lambda ("S" 10.18)}$

4.18. Wärmedurchgangswiderstand R_T

	Wärmedurchgangswiderstand, T=Transmission	$R_T = R_{SI} + \sum R + R_{SE}$	

4.19. Unterschiede zwischen R und U Werten

	R	U	
	Charakterisiert den widerstand, → groß Berücksichtigt nur das Bauteil	Charakterisiert den Durchgang → klein, berücksichtigt Durch- und Übergänge, bzw. alles.	

4.20. Flächenbezogene Masse

	Bauteilarten nach DIN 4108 unterscheidung nach: Schweres Bauteil : > 100 kg/m² Leichtes Bauteil : < 100 kg/m²	$m' = \rho \times d$ $= Dichte \times Durchmesse$ $+ \ldots$	„S" 10.5 <= 100 „S" 10.4 >= 100

4.21. Erforderlicher Mindestwärmeschutz nach DIN4108

	Ist der Mindest R Wert von 1,2 eingehalten besteht Kondenswasserfreiheit auf der Bauteil- innen- Oberfläche. Dieses muss für jedes Bauteil gelten!	$erf - R = 1,2 \dfrac{m^2 \times K}{W}$	
Bewertung des U-Wertes nach EnEV	Bei Neubau gibt es ein Bilanzverfahren.		„S" 10.11

4.22. Stoffdicken- Berechnung

	$U = \dfrac{1}{R_T} \cdots R = \dfrac{d}{\lambda}$ $R_T = R_{SI} + (R + R_{Damm=\frac{1}{\lambda}}) + R_{SE}$ $d_{WD} = (R_{Tsan} - R_{Tvorh}) \times \lambda_{wd}$ $erf.d_{wd} = (\dfrac{1}{U_{EnEV}} - \dfrac{1}{U_{vorh.}}) \times \lambda_{WD}$	$WLG - 60 - Bsp.$ $erf.d_{WD} =$ $(\dfrac{1}{0,35} - \dfrac{1}{0,60}) \times 0,06$ $U_{EnEV} \quad U_{VORH}$	
Sonderfall Fenster	Einfache Verglasung: U = 5,2 W / m²xK Thermofenster: U = 2,8 – 3,2 W / m²xK	$U_W = U_G + U_{Frame}$ für Glas für Rahmen	

4.23. Transmissionswärmeverlust

$$q_T = U \times \Theta_i - \Theta_e$$
$$q_T = U \times \Delta\Theta$$
$$Q = q \times A \times t$$
$$Q = U \times A \times t \times \Delta\Theta$$
$$Q_{US} = 0{,}6 \frac{W}{m^2 \times K} \times 1m^2 \times 400s \times (20°C - 10°C) = Ws$$

4.24. Energieverlust Q

Q = Qchem
Energieverlust = Heizenergie

$$Q_{chemisch} = H \times m$$
$$H = Heizwert$$
$$Q_{chemisch} = H' \times V$$
$$H' = Volumenbezogen\ Heizwert$$

$$\rho = \frac{m}{V}$$
$$V = \frac{Q}{H \times \rho}$$

4.25. Eigene Ergänzungen

Kapitel 5 – Beton- und Stahlbetonbau

5.1. Bemessungswert der Einwirkungen Ed		
	$$E_d = \sum (\chi_{G,J} \times G_{K,J}) + \gamma_Q \times Q_{K,1} + \sum \gamma_{Q,I} \times \psi_0 \times Q_{K,I}$$ 1 2 3 4 5 6 7 8	
	1 = Bemessungswert der Einwirkungen 2 = Teilsicherheitsbeiwert für ungünstige ständige Belastungen S.5.35 (= 1,35) 3 = ständige, charakteristische Einwirkung (z.B. Lastenannahme) 4 = Teilsicherheitsbeiwert für ungünstige, veränderliche vorherschende Belastung S.5.35a (= 1,50) 5 = verherschende, charakteristische, veränderliche Einwirkung (Nutzlast, Wind, Schnee) 6 = Teilsicherheitsbeiwert für weitere ungünstige veränderliche Einwirkungen S.5.35a (=1,50) 7 = Kombinationsbeiwert für weitere veränderliche Einwirkungen 8 = weitere ungünstig wirkende veränderlichen charakteristischen Einwirkungen (Nutzlast, Wind, Schnee)	
	$$E_d = g_d \times 1,35 + q_d \times 1,5$$	Wenn mehrere veränderliche Lasten vorhanden sind, kann u. U. für 1,5 auch 1,35 angenommen werden.
Schnittgrößen		

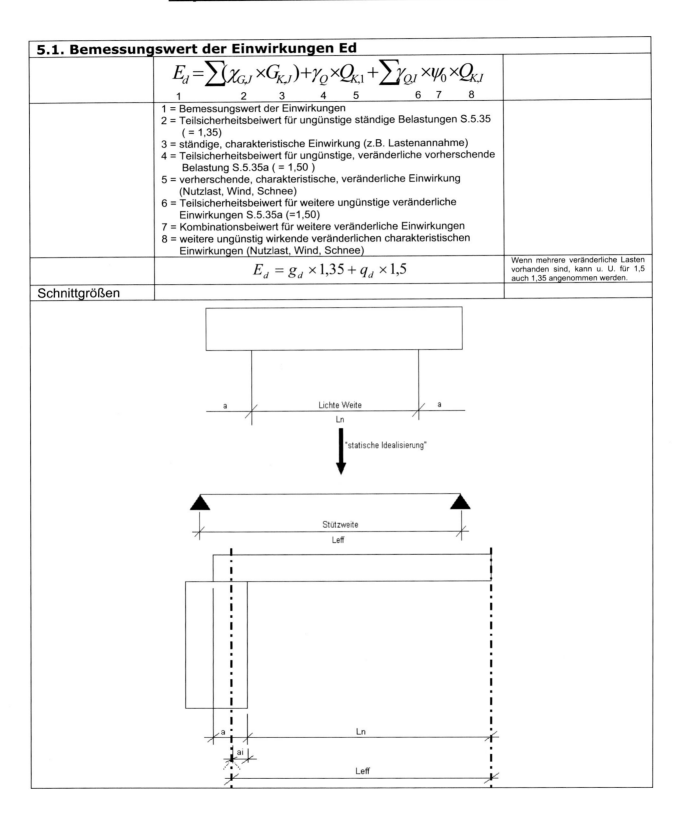

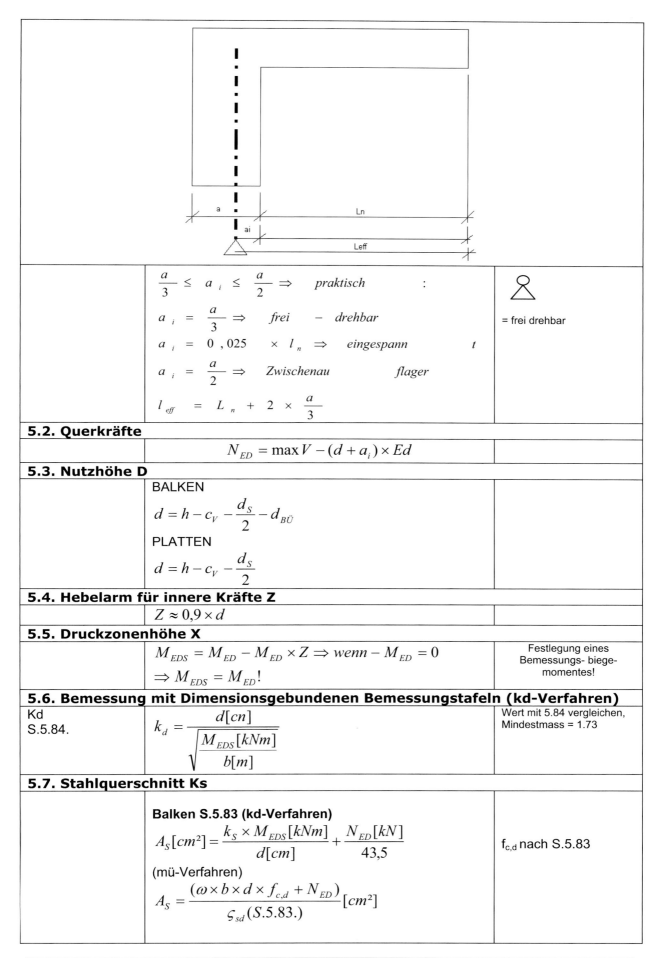

	$\frac{a}{3} \leq a_i \leq \frac{a}{2} \Rightarrow$ praktisch : $a_i = \frac{a}{3} \Rightarrow$ frei-drehbar $a_i = 0,025 \times l_n \Rightarrow$ eingespannt $a_i = \frac{a}{2} \Rightarrow$ Zwischenauflager $l_{eff} = L_n + 2 \times \frac{a}{3}$	= frei drehbar

5.2. Querkräfte

	$N_{ED} = \max V - (d + a_i) \times Ed$	

5.3. Nutzhöhe D

	BALKEN $d = h - c_V - \frac{d_S}{2} - d_{BÜ}$ **PLATTEN** $d = h - c_V - \frac{d_S}{2}$	

5.4. Hebelarm für innere Kräfte Z

	$Z \approx 0,9 \times d$	

5.5. Druckzonenhöhe X

	$M_{EDS} = M_{ED} - M_{ED} \times Z \Rightarrow wenn - M_{ED} = 0$ $\Rightarrow M_{EDS} = M_{ED}!$	Festlegung eines Bemessungs- biege-momentes!

5.6. Bemessung mit Dimensionsgebundenen Bemessungstafeln (kd-Verfahren)

Kd S.5.84.	$k_d = \frac{d[cn]}{\sqrt{\frac{M_{EDS}[kNm]}{b[m]}}}$	Wert mit 5.84 vergleichen, Mindestmass = 1.73

5.7. Stahlquerschnitt Ks

	Balken S.5.83 (kd-Verfahren) $A_S[cm^2] = \frac{k_S \times M_{EDS}[kNm]}{d[cm]} + \frac{N_{ED}[kN]}{43,5}$ (mü-Verfahren) $A_S = \frac{(\omega \times b \times d \times f_{c,d} + N_{ED})}{\varsigma_{sd}(S.5.83.)}[cm^2]$	$f_{c,d}$ nach S.5.83

	Platten (kd-Verfahren) $$a_S[\frac{cm^2}{m}] = \frac{k_S \times M_{EDS}[kNm]}{d[cm]} + \frac{N_{ED}[kN]}{43,5}$$ (mü – Verfahren) $$a_S = \frac{(\omega \times b \times d \times f_{c,d} + N_{ED})}{\varsigma_{sd}}[\frac{cm^2}{m}]$$	$f_{c,d} = \frac{\alpha \times f_{c,k}}{\gamma_c}$ $\alpha = 0,85$ $\gamma_c - S.5.35c$

5.8. Algorithmus für Bemessungen

5.8.1. Geometrie	**Stützweite** $$l_{eff} = l_N + 2 \times \frac{a}{3}$$ **Betondeckung** Schätzen → ds = 16mm → dbü = 8mmj → SIEHE VERBUNDSICHERUNG **Nutzhöhe** Balken $$d = h - c_V - \frac{d_S}{2} - d_{BÜ}$$ Platten $$d = h - c_V - \frac{d_S}{2} \Rightarrow \frac{l_i}{d} \leq \frac{150}{l_i}$$	
5.8.2. Belastungen / Einwirkungen	**Eigenlasten S.3.2** **Veränderliche Lasten S.3.14** $$E_d = \sum(1,35 \times g_K + 1,5 \times q_K) \text{ "S.5.35.a."}$$ Trennwandzuschlag S.3.18	Wichte Stahlbeton = 25kN/m² Balkenangaben Breite x Höhe Eigenlast: B x H x Wichte Baustoff
5.8.3. Stütz und Schitt-Größen	**Maximales Moment = M_ED „S.4.2"** **Querkraft „S.4.2" → Auflagerkräfte** N_d=0 → wenn keine horizontale Kraft (N_ED) angreift **Bemessungsbiegemoment** $$M_{EDS} = M_{ED} - N_{ED} \times Z \Rightarrow Z = 0,9 \times d$$ wenn N_ED=0 → M_EDS=M_ED in MNm	
5.8.4. Biegebemessung	**Kd Verfahren** $$k_d = \frac{d[cn]}{\sqrt{\frac{M_{EDS}[kNm]}{b[m]}}}$$ **Querschnitt nach S.5.89 wählen**	

5.9. Betondeckung

5.9.1.	**Brandschutz** $$c_{NOM} = u - \frac{d_S}{2} - d_{BÜ} \Rightarrow c_{NOM} = 50 - \frac{16}{2} - 8$$	Geschätzt: d_s = 16mm $d_{bü}$ = 8mm u = S.10.80 Balken 10.79 Platte Korrosionsschutz nach S.5.45 festlegen
5.9.2.	**Korrosionsschutz** $c \geq d_S$ $c = c_{min} + \Delta c \Rightarrow XC1 - \Delta c = 10 - sonst - 15$ $c_V = \max \begin{cases} c_{NOM} \\ c \end{cases}$	

5.10. Nutzhöhe d

$$d = h - c_V - d_{BÜ}[cm] - \frac{d_S[cm]}{2}$$

5.11. Plattendicke h

$$d = \frac{l_i^2}{150} \Rightarrow \frac{l_i = l_{eff}}{35}$$

bei erhöhten Anforderungen bsp. Trennwände:

$$d \geq \frac{l_i^2}{150}$$

$$h = d + c_V + \frac{d_S}{2}$$

5.12. Ersatzstützweite l_i

$$l_i = l_{eff} \times \alpha (S.5.57)$$

5.13. Begrenzung der Biegeschlankheit

Stahlbetonplatte Mattenbewehrt
H = 20 cm
Cv = 25 mm
Leff = 4,5 m = Li !!!
1 achsig bewehrt, 1 Feld Platte
gesucht: Begrenzung der Biegeschlankheit:

$$d = h(20) - c_V[cm](2,5) - \frac{d_{BÜ}[cm](0,8)}{2} = 17,1[cm]$$

$$l_i = 4,5m$$

Nachweis:

$$\frac{li}{d[m]} = \frac{4,5}{0,171} = 26,3 < 35$$

$$\frac{l_i}{d} = \frac{4,5}{0,171} < \frac{150}{4,5} \Rightarrow 26,3 < 33,3$$

ALLGEMEIN:

$$\frac{l_i}{d[m]} \leq 35 \Rightarrow \int \leq \frac{l_{eff}}{250}$$

$$\frac{l_i}{d[m]} \leq \frac{150}{l_i} \Rightarrow \int \leq \frac{l_{eff}}{500}$$

5.14. Balken als Einfeldträger

5.14.1: Geometrie

$$L_{EFF} = l + (\frac{a}{3} \times 2)$$

dBü und ds schätzen:

$$d = d - c_V - d_{BÜ} - d_S$$

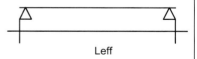

Leff

5.14.2: Belastungen

ständige Lasten:

Decke:

$$g_K \times 1,35$$

+

Eigenlast:

$$h \times b \times WichteBeton(25) \times 1,35 = g_D$$

Veränderliche Lasten:
Decke:

$$q_K \times 1,5 = q_D$$

5.14.3: **Stütz und** **Schnittgrößen**	$$C_A = C_B = \frac{(g_D + q_D) \times l_{EFF}}{2}$$ $$M_A = M_B = \frac{(g_D + q_D) \times l^2}{8}$$	S.4.2.
5.14.4: **Biege-** **bemessung**	Feld: $$k_d = \frac{d(von1)}{\sqrt{\frac{\max M}{b[m]}}}$$ → ks wählen aus Schneider 5.84: (größeren ks Wert) $$\rightarrow A_S = \frac{\max M}{d(von1)} \times ks \rightarrow \text{cm}^2 \text{ Bewehrung unten}$$ Stütze: Kd wie Feld nur mit minM ! As wie Feld nur mit minM ! Ds nach S.5.89 wählen: Feld unten: As raussuchen und optimalen ds finden: Feld oben: --„--	S.5.84
5.14.5: **Querkraft-** **bemessung**	$$\max V_D = \frac{\max M(oben + unten)!}{2} = [kN]$$ $$V_{ED} = \max V_D - (ai + d[m]) \times (g_d + q_d)$$ für senkrechte Bügel und NED = 0: $$V_{RD,\max} = 0{,}333 \times f_{CD} \times b[m] \times d[m] = [MN]$$ $[MN] zu [kN] -> x1000!$ $$as_{B\ddot{U}} = \frac{0{,}0212 \times V_{ED}}{d(von1)[m]}$$ $$\min as_{B\ddot{U}} = \frac{0{,}7 * \times h}{10}$$ Höchstbügelabstand: $$\frac{V_{ED}}{V_{RD,\max}} \leq 0{,}3(b) \text{ kann abweichen, S.5.71 beachten}$$ $$0{,}7 \times h \leq 30[cm]$$ → wählen nach eingeklebter Tabelle, optimale Bügel, nächst höheren asbü Wert verwenden! Angabe wie Bsp.: Bgl. 8-25, 4 Stck.	Ai = Auflagerbreite / (2 oder 3) Fcd = S.5.86 * 0,7 kann abweichen nach Tabelle S.5.71.b !

5.14.6: Zugkraft-deckung	$a_1 = 0{,}54 \times d(von1)[m] = a1 \times 100 \; für \, [cm]$	
	$F_{Sd,Stütze} = \dfrac{M_{ED}}{0{,}9 \times d[m]}$	
	$zul.F_{SD} = \max A_S \times 43{,}5 = [kN]$	
	$F_{SD} = \dfrac{M_{ED}}{0{,}9 \times d[m]}$	
	aufnehmbare Zugkräfte: S.5.89 Tab. 7.2.1: As Wert x 43,5 1 o 12: 1.13 x 43,5 = 49 2 o 12: 2,26 x 43,5 = 98 …	
	$lb_{NET} = \alpha_a \times \dfrac{As_{erf}}{As_{vorh}} \times lb$	
	$As_{erf} = \dfrac{0{,}6 \times V_{ED}}{43{,}5} = F_{SD,R}$	
	$l_{b,min} = 0{,}3 \times \alpha_a \times l_b$	Lb → S.5.90 Alpha a → S.5.47
	$l_{b,net} \leq l_{b,min}$	

5.15. Eigene Ergänzungen

5.16. Brandschutz

Nennmaß der Betondeckung	Platten	$C_{nom} = u - \dfrac{ds}{2}$	u = Achsmaß nach „S"10.79 ds = φ Tragbewehrung
Nennmaß der Betondeckung	Balken	$C_{nom} = u - \dfrac{ds}{2} - d_{BÜ}$	$d_{bü}$ = φ Bügel

Korrosionsschutz: C_{MIN} = Mindestmaß der Betondeckung nach „S"5.44
Beachte: $\boxed{C_{MIN} > d_s}$

5.17. Korrosionsschutz

Nennmaß der Betondeckung	Platten und Balken	$C_{NOM} = C_{MIN} + \Delta C$	Δc = Vorhaltemaß allg. = 15 mm XC1 = 10 mm
Verlegemaß der Betondeckung		$C_V = \max \begin{cases} C_{NOM}\,BS \\ C_{NOM}\,KS \end{cases}$	BS = Brandschutz KS = Korrosionsschutz

5.18. Berechnung bei Platten wie Decken und Wände

Brandschutz BS	$C_{NOM} = u - \dfrac{ds}{2}$
	Achsmaß nach „S"10.79 Tragbewehrung nach „S"5.91 (8mm für Matten)
Korrosionsschutz KS	$C_{NOM} = u - \dfrac{ds}{2} - d_{BÜ}$ → Durchmesser Bügel

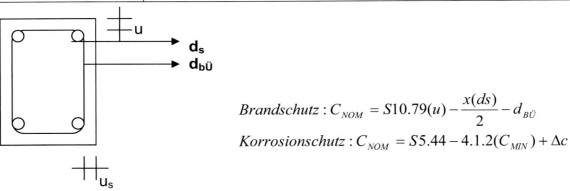

$$Brandschutz: C_{NOM} = S10.79(u) - \frac{x(ds)}{2} - d_{BÜ}$$

$$Korrosionschutz: C_{NOM} = S5.44 - 4.1.2(C_{MIN}) + \Delta c$$

5.19. Berechnungsreihenfolgen:
1: BS
2: u ermitteln, „S" 10.79 für Platten; „S" 10.80 für Balken oder falls geg. : u
3: „S" 5.91 d_s bestimmen; Für <u>Matten meistens 8mm</u> oder gegeben. = $C_{NOM,BS}$
4: einsetzen und ausrechnen
5: KS
6: Expositionsklasse wählen „S" 5.45
7: Wenn C_{min} > als d_s, dann höheren C_{min}- Wert annehmen!
8: Vorhaltemaß „S" 5.44 zu C_{min} zu addieren = $C_{NOM,KS}$
9: C_v = der höchste Wert von $C_{NOM,KS}$ und $C_{NOM,BS}$!

Kapitel 6 – Mathematik Grundlagen

6.1. Potenzregel	$f(x) = x^n \Rightarrow f'(x) = nx^{n-1}$		
6.2. Summenregel	$f(x) = n(x) + v(x) \Rightarrow f'(x) = n'(x) + v'(x)$		
6.3. Produktregel	$f(x) = u(x) \times v(x) \Rightarrow f'(x) = u'(x) \times v(x) + u(x) \times v'(x)$		
6.4. Quotientenregel	$f(x) = \dfrac{u(x)}{v(x)} \Rightarrow f'(x) = \dfrac{u'(x) \times v(x) - u(x) \times v'(x)}{(v(x))^2}$		
6.5. Kettenregel	$f(x) = u(v(x)) \Rightarrow f'(x) = u'(v(x)) \times v'(x)$		
6.6. Hoch und Tiefpunkte	**Lok. Maximum bzw. Minimum** $f'(x) = 0;\ f''(x) \neq 0$ $f''(x) > 0 \mapsto TP(\min)$ $f''(x) < 0 \mapsto HP(\max)$ **Algorithmus:** 1: f'(x)=0 setzen 2: x von f'(x) errechnen und in 3: f''(x) einsetzen 4: prüfen ob Hoch oder Tiefpunkt 5: Yo errechnen indem x in f(x) eingesetzt wird.	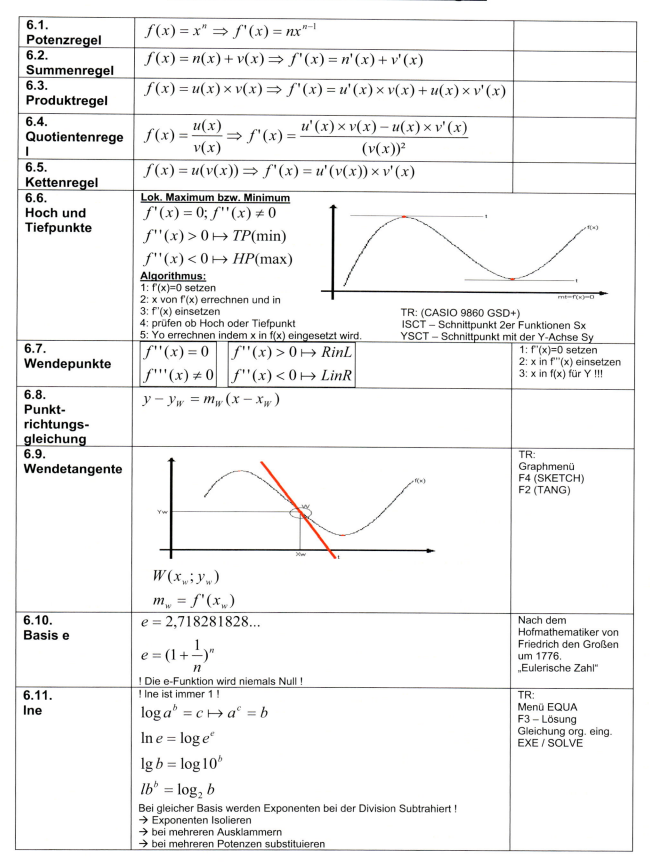 TR: (CASIO 9860 GSD+) ISCT – Schnittpunkt 2er Funktionen Sx YSCT – Schnittpunkt mit der Y-Achse Sy	
6.7. Wendepunkte	$f''(x) = 0$ $f'''(x) > 0 \mapsto RinL$ $f'''(x) \neq 0$ $f'''(x) < 0 \mapsto LinR$		1: f''(x)=0 setzen 2: x in f'''(x) einsetzen 3: x in f(x) für Y !!!
6.8. Punkt-richtungs-gleichung	$y - y_W = m_W(x - x_W)$		
6.9. Wendetangente	$W(x_w; y_w)$ $m_w = f'(x_w)$		TR: Graphmenü F4 (SKETCH) F2 (TANG)
6.10. Basis e	$e = 2{,}718281828\ldots$ $e = (1 + \dfrac{1}{n})^n$! Die e-Funktion wird niemals Null !		Nach dem Hofmathematiker von Friedrich den Großen um 1776. „Eulerische Zahl"
6.11. lne	! lne ist immer 1 ! $\log a^b = c \mapsto a^c = b$ $\ln e = \log e^e$ $\lg b = \log 10^b$ $lb^b = \log_2 b$ Bei gleicher Basis werden Exponenten bei der Division Subtrahiert ! → Exponenten Isolieren → bei mehreren Ausklammern → bei mehreren Potenzen substituieren		TR: Menü EQUA F3 – Lösung Gleichung org. eing. EXE / SOLVE

6.12. **Ableitungen der e-Funktion**	Die Ableitung der e-Funktion ist immer die e-Funktion selbst! Die 1 Ableitung wird nur vom Exponenten abgeleitet! $$f(x) = e^X \mapsto f'(x) = e^X$$ $$f(x) = e^{ax} \mapsto f'(x) = ae^{ax}$$	$f(x) = (x+0)e^x$ $f'(x) = (x+1)e^x$ $f''(x) = (x+2 = e^x$ ...
6.13. **Nullstellen (y=0)**	Schnittpunkt des Graphen mit der x-Achse: $$f(x) = 0$$	TR: ROOT im Graph-Menü
6.14. **Satz vom Nullprodukt**	$a \times b = 0; wenn : a = 0; b = 0; (a = 0 \& b = 0)$	
6.15. **Logarithmus-funktion**	$$a^b = c \Leftrightarrow \log_{aBASIS} c^{NUMMERUS} = b^{EXPONENT}$$	
6.16. **Dekadischer Logarithmus**	$$\log_{10} c = b \Rightarrow \lg c = b$$	
6.17. **Natürlicher Logarithmus**	$$\log_e c = b \Rightarrow \ln c = b$$	
6.18. **Binärer Logarithmus**	$$\log_2 c = b \Rightarrow lbc = b$$	
	$$\log_a c = \frac{\ln c}{\ln a} = \frac{\lg c}{\lg a}$$	TR
6.19. **Natürliche Logarithmus-funktion**	$y = f(x) = \ln x$ $DB > 0$ $\log_7 49 = 2$ heist: Mit welcher Zahl muss ich 7 Quadrieren um auf 49 zu kommen?	Y-Achse ist senkrecht zur Aymptote → nähert sich im unendlichen Kein Wendepunkt Streng monoton steigend WB = yeR
6.20. **ln Ableitungen**	$$f(x) = \ln x \Rightarrow f'(x) = \frac{1}{x}$$ $$f(x) = a \ln x \Rightarrow f'(x) = \frac{a}{x}$$ $$f(x) = \ln(ax) \Rightarrow f'(x) = \frac{1}{x}$$ $$f(x) = \ln(x^2+1) \Rightarrow f'(x) = \frac{1}{x^2+1} \times 2x = \frac{2x}{x^2+1}$$ $$f(x) = \ln(x^2-1) \Rightarrow f'(x) = \frac{1}{x^2-1} \times 2x = \frac{2x}{x^2-1}$$ **! Der Logarithmus wird bei 1 immer 0 !**	Die Ableitung ergibt sich bei Klammern: 1 durch die Klammer mal die Ableitung der Klammer!
6.21. **Symmetrie**	Achsensymmetrie: $f(x) = f(-x)$ Punktsymmetrie: $f(x) = -f(-x)$	

Algorithmus Kurvendiskussion:
1: Definitionsbereich festlegen, xeR ; 0<X>0
2: Schnittpunkte mit den Koordinatenachsen, Sx; Sy (Nullstellen)
3: Hoch- und Tiefpunkte
4: Wendepunkte
5: Symmetrien

6.22. Eigene Ergänzungen

Kapitel 7 – Tiefbau – Grundlagen

7.1. Bodenarten

Baugrund	Äußerster Teil der Erdkruste der für Bauwerke relevant ist, bis maximal 100m. Nach ca. 30 – 40 km ist die Erdkruste fest.	
Festgestein	Ist zum Beispiel das Tiefengestein was durch die erhaltene Magmamasse in der Tiefe entstand	Granit
Lockergestein	Ist zerkleinertes Festgestein was an der Oberfläche schnell erkaltete und dadurch sehr spröde wurde.	Basalt
Baugrunduntersuchung	Zulässige Tragfähigkeit des Baugrundes	Bemessung und Konstruktion der Gründungen
	Wasser und feuchte um Baugrund	Abdichtung des Bauwerks planen
	Bodeneigenschaften	- Kalkulation Erdarbeiten - Planung Baugrube - Planung Maschineneinsatz
	Regressansprüche	Sollten sich Bausubstanz schädliche Setzungen ergeben ist der ausführende Schadensersatzpflichtig.
Bodenarten nach	DIN 18196 Tab. S. 11.15	DIN 18300 Tab. S. 11.13

7.2. Siebanalysenrechnung

7.2.1. Ungleichförmigkeitszahl U	$$U = \frac{d_{60}}{d_{10}}$$	D60 – Korndurchmesser bei 60% Siebdurchgang D10 – Korndurchmesser bei 10% Siebdurchgang
		U < 5 → gleichförmiger Bodem U 5-15 → ungleichförmige Verteilung U > 15 → sehr ungleichförmig
7.2.2. Krümmungszahl C	Bezeichnet den Verlauf der Sieblinie $$C = \frac{d_{30}^2}{d_{10} \times d_{60}}$$	C = 1…3, U > 6 → weit gestuft C < 1 oder > 3, U > 6 → intermittierend gestuft C beliebig, U < 6 → eng ☺ gestuft
7.2.3. Konsistenzzahl Ic	$$Ic = \frac{W_L - W}{W_L - W_P}$$	WL = Wassergehalt an der Grenze Zwischen breiig und flüssig WP = Wassergehalt an der Grenze Zwischen halbfest und steif W = natürlicher Wassergehalt (der Wasserprobe vor Ort)
7.2.4. Plastizitätszahl Ip	$$I_P = W_L - W_P$$	
7.2.5. Wassergehalt W	$$W = W_L - I_C \times (W_L - W_P)$$	$$W = \frac{m - m_d}{m_d}$$ m = Masse Probe + Zylinder md = Masse trocken Probe

7.3. Plastizitätsgrenzen Ic

Plastizitätsgrenzen Ic

1,0		0,75		0,5		0
FEST	Halbfest	STEIF	WEICH	BREIIG	FLÜSSIG	

7.4. Dichte Berechnung

7.4.1. Kornrohdichte	$\delta_S = \dfrac{MasseFesteStoffe}{VolumenFesteStoffe} = \dfrac{m_d}{V_K}$	*Ohne Wasser, ohne Poren* $V_K = \dfrac{m_d}{\delta_S}$ = **Feststoffvolumen**
7.4.2. Trockendichte	$\delta_d = \dfrac{MasseTrocken\operatorname{Pr}obe}{VolumenDer\operatorname{Pr}obe} = \dfrac{m_d}{V}$ $\delta_d = (1-n) \times \delta_S$	
7.4.3. Feuchtdichte	$\delta = \dfrac{MasseFeuchte\operatorname{Pr}obe}{VolumenDer\operatorname{Pr}obe} = \dfrac{m}{V}$ $\delta = (1-n) \times \delta_S \times (1+w)$	W = Wassergehalt
7.4.4. Sättigungsdichte	$\delta_r = \delta_d + n \times \delta_{WASSER(1)}$	Alle Poren sind mit Wasser gefüllt
7.4.5. Auftriebsdichte	$\delta^| = (1-n) \times (\delta_S - \delta_{WASSER})$	

7.5. Wichte Berechnung

7.5.1. Kornwichte	$\gamma_S = g \times \delta_S$	g = 10 m/s Ps = Korndichte
7.5.2. Trockenwichte	$\gamma_d = (1-n) \times \gamma_S$	n = Porenanteil
7.5.3. Feuchtewichte	$\gamma = (1-n) \times \gamma_S \times (1+w)$	W = Wasseranteil der Probe
7.5.4. Sättigungswichte	$\gamma_r = (1-n) \times \gamma_S + n \times \gamma_{WASSER}$	
7.5.5. Auftriebswichte	$\gamma^| = (1-n) \times (\gamma_S - \gamma_{WASSER})$	

7.6. Eigene Ergänzungen

7.7. Bemessung und Nachweis von Fundamenten

7.7.1. Lastannahmen	- Dach in kN / m (a) Vertikale Auflagerlast aus Dach - Decke + FuBo DG (b) $$\frac{q \times l}{2} = [kN/m]$$ - Ringbalken Stahlbeton (c) $d \times h \times 25 kN/m^3 = [kN/m]$ - Mauerwerk AW (d) $h \times Last\,aus\,MW [kN/m^2] = [kN/m]$ - Decke + FuBo EG (e) $$\frac{q \times l}{2} = [kN/m]$$ - Stahlbeton Außenwand (f) $d \times h \times 25 kN/m^3 = [kN/m]$ → **Gesamtlast=a+b+c+d+e+f = Gesamtlast pro Fundamentseite N**	

7.7.2. Fundamentabmessung	$$erf.A = \frac{N}{zul.\varsigma_0} = [m]$$	N = errechnete Gesamtlast
		Sigma = Sohlnormalspannung
		    Aus Aufgabenstellung
		      bzw. Baugrund-
		        gutachten.

	Nachweis: $$\frac{N}{\frac{erf.A}{zul.\varsigma_0}} < 1 \Rightarrow vorh\varsigma \le zul\varsigma$$	Nachweis wäre erfüllt.
7.7.3. Fundamenthöhe	a = Fundamentbreite – Wanddicke -------------------------------- --- 2 $$a = \frac{Fb - Wd}{2}$$ $$\frac{hf}{a} = \tan 60° \Rightarrow hf = a \times \tan 60°$$ $hf = [m] \rightarrow [cm]!$ $$\frac{hf[m]}{a[m]} \ge 2$$ Es ergibt sich daraus folgende Fundamentabmessung: Breite = erf. A ; Höhe = hf	==Fundamentbreite = erf. A = Fb== Ist dieser Nachweis erfüllt, kann das Fundament unbewehrt ausgeführt werden.
7.7.4. Fundamenteigenlast	$F_{EL} = b[m] \times h[m] \times 24[kN/m^3]$ $F_{EL} = [kN/m]$	Die Wichte von 24 kN/m³ ist die Wichte des Normalbetones, siehe hierzu auch S.3.2.

7.7.5. Nachweis Sohldruckspannung	$\dfrac{\frac{N}{A}}{zul\varsigma_0} < 1$ $N_{KG} = N + F_{EL}$ pauschal 100 $\varsigma_{0,D} = \dfrac{N_D}{A} = \dfrac{1{,}35 \times N_{KG} + 1{,}5 \times Q}{F_b} = [kN/m^2]$	Q = Fb = erf. A

Bewehrung von Fundamentplatten:
- Verschiedene Zugspannungen können auftreten → Bewehrung oben und unten
- Setzungen unter AW sind größer als unter IW → Bewehrung oben
- Setzungen unter IW sind größer als unter AW → Bewehrung unten

Unerlässlichkeit von Streifenfundamenten:
- Bei nicht unterkellerten Gebäuden → Lasten können direkt ins Erdreich abgeführt werden
- Unter Bodenplatten → wenn abzuleitende Punktlasten zu hoch wären

Fundamentdarstellung mit Abdichtung :

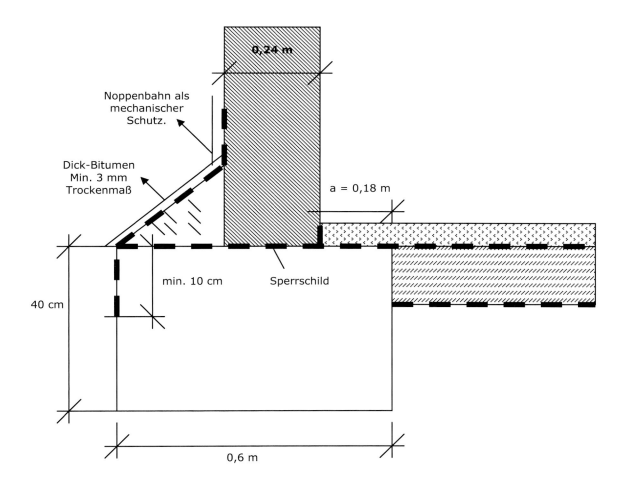

Kapitel 8 – Holzbau

8.1. Gerade Biegestäbe mit Rechteckquerschnitt:

8.1.1. Belastungen Zusammenstellen:

a: für ständige Lasten g_k:

Aufbau wie : - Fliesen
- Zementestrich
- OSB etc.

nach Lastannahmen S.3..

b: für veränderliche Lasten q_k:

Nutzlasten nach S.3.14 A1 – A3

8.1.2. Stütz- und Schnittgrößen ermitteln:

1. ständige Last mit Balkenlage multiplizieren : g x Balkenabstand = g_k
2. veränderliche Last mit Balkenlage multiplizieren: q x Balkenabst. = q_k

Trennung nach ständigen und veränderlichen Lasten:

→ Stützkräfte infolge ständiger Lasten : $$C_{K,G} = \frac{g_K \times l}{2}$$

L = Stützweite

→ Stützkräfte infolge veränderlicher Lasten: $$C_{K,Q} = \frac{q_K \times l}{2}$$

Biegemomente infolge ständiger Lasten:

→ $$M_{K,G} = \frac{g_K \times l^2}{8}$$

Biegemomente infolge veränderlicher Lasten:

→ $$M_{K,Q} = \frac{q_K \times l^2}{8}$$

8.1.3. Vorbemessung und Bemessung:

$$erf.I = a \times \max M_K \times l$$

a = S. 4.21 für l/300

max.M_K = $M_{K,G} + M_{K,Q}$

l = Stützweite

nach 9.37 nächst höheren I_Y Wert festlegen sowie den dazugehörigen W_Y Wert und mit dem gewählten Werten weiterarbeiten. Gewählte B / H mit angeben!

8.1.4. Nachweise führen:

Biegenachweis:

Bemessungsmoment Md: $$M_D = M_{K,G} \times 1{,}35 + M_{K,Q} \times 1{,}5 \, [kNm]$$

kNm in kNcm: kNm x 100 = kNcm !

KLED und NKL nach Arbeitsblatt DIN 1052 Tab. 4. festlegen.

10   $$\frac{\frac{M_D}{W_Y}}{k_M \times f_{M,D}}$$

km = 1,0 wenn lef < 140 x b² / h
fmd = Biegung nach Arb. Bl. Tab. 16.11 → Tabellenwert /
M_D → in kNcm !
→ < 1
l=lef

8.1.5. Schubspannungsnachweis

Bemessungswert der Querkraft:
$$V_D = C_{K,G} \times 1{,}35 + C_{K,Q} \times 1{,}5 \, [kN]$$

Nachweis:
$$\frac{1{,}5 \times V_D}{\frac{A=(b \times h)}{f_{V,D}}} \leq 1$$

f_{VD} nach Arb. Bl. Tab.16.11/12 und Tab. Wert / 10 !

8.1.6. Gebrauchstauglichkeit / Durchbiegungsnachweis:

Anfangsdurchbiegung:

W_{G,inst} infolge ständiger Lasten → W_{g,inst}:

$$W_{G,INST} = \frac{n \times M_{K,G} \times l^2}{I_Y} \times \frac{10000}{E_{0,MEAM}}$$ n nach S.4.21

W_{Q,inst} infolge veränderlicher Lasten → W_{q,inst}:

$$W_{Q,INST} = \frac{n \times M_{K,Q} \times l^2}{I_Y} \times \frac{10000}{E_{0,MEAM}}$$ n nach S.4.21

E_{0,MEAM}:   - 11.000 bei Nadelholz C
                 - 11.600 bei Laubholz G

für seltene Bemessungssituationen:

$$W_{Q,INST} \leq \frac{l_{EF}}{300}$$

$$W_{Q,INST} \times (1 + \psi_2 \times k_{DEF}) \leq \frac{l_{EF}}{200}$$

→ Arbeitsblatt Tab. 9.4.b und 9.18

für quasi- ständige Bemessungssituationen:

$$W_{G,FIN} + W_{Q,FIN} \leq \frac{l_{EF}}{200}$$

$$W_{G,INST} = W_{G,INST} \times (1 + k_{DEF})$$
$$W_{Q,FIN} = W_{Q,INST} \times \psi_2 \times (1 + k_{DEF})$$

siehe Arbeitsblatt 5.3.

8.2. Nachweis Zugstab

Bemessungswert der Einwirkungen Ed=Nd	$Ed = 1{,}35 \times g + 1{,}5 \times q$	g – ständige- Eigenlast q – veränderliche- Nutzlast *Sind mehrere veränderliche Lasten q vorhanden, so kann der Teilsicherheitsbeiwert von 1,5 auf 1,35 reduziert werden!*
Nachweis	$\dfrac{Nd}{f_{t,0,d}} \leq 1$	Nd – Bemessungswert Normalkraft An – Nettoquerschnittsfläche $f_{t,0,d}$ – Bemessungswert der Zugfestigkeit Tab.16.11
Nettoquerschnittsfläche An	$An = A - \Delta A$ $\Delta A \Rightarrow Arbeitsblatt - 3$ Bsp. $An = 10 \times 10 - 1{,}1(\Delta A) \times 10$	Bei Bolzen muss die Bolzenstärke mit 1mm Bohrlochdurchmesser addiert werden: Bolzen Bo M 12 → 12 + 1 mm → 1,2 cm + 0,1 cm = 1,3 cm
Maximale Normalkraft die Einwirken darf: **max. Nd**	$\max Nd = f_{t,0,d} \times An$	Beachte $f_{t,0,d}$ muss aufgrund der Einheiten wie in Tabelle 16.11 durch 10 geteilt werden!
Ist ein **K*-Wert** vorhanden wird $f_{t,0,d}$ mit dem K*-Wert Tab.16.8b multipliziert.	Der Standartfall ist **KLED** (Tab.4.) mittel, da hier k=1 ist.	**NKL** = Nutzungsklasse 1 – Überdacht, beheizt 2 – Überdacht 3 – draußen
Algorithmus	1: Berechnung Ed bzw. Nd 2: KLED nach Tab.4 3: Festlegen der NKL 4: An ermitteln 5: Nachweis erbringen	

8.3. Nachweis Druckstab

Nk	Besteht aus Gk sowie Qk	(Last die anfällt auf Skizze)
Nd	$N_d = F_{c,90,d} = 1{,}35 \times G_K + 1{,}5 \times Q_K$	1,35 = Teilsicherheitsbeiwert für ständige Lasten 1,50 = Teilsicherheitsbeiwert für veränderliche Last
KLED	Nach Tabelle 4 aus DIN 1052	
NKL	Nach obiger Tabelle, 3 Spalte	
Druckspannung **Ae,req** **Areq**	$\varsigma_{C,90,d} = \dfrac{N_d}{A_{ef}}$ $A_{e,req} \approx 1{,}5 \times A_{req}$ $A_{req} = 0{,}145 \times N_d [N]$	Aef = wirksame Querdruckfläche Von kN zu N → x 1000
Wirksame Querdruckfläche Aef	Arbeitsblatt 4, 4.1 Auf Überstand achten !	$A_{ef} = b \times (h + 6cm)$ Bei Holzbezeichnung bsp.16/12 ist 16=b & 12=l (h)
Querdruckbeiwert kc90	Arbeitsblatt 4.1	Der Abstand zum nächsten Auflager ist zu beachten: < 40 cm → Auflagerdruck > 40 cm → Schwellendruck
Nachweis	$\dfrac{\varsigma_{C,90,d}}{k_{C,90} \times f_{C,90,d}} \leq 1$	
Algorithmus	1: Berechnung Ed bzw. Nd 2: KLED nach Tab. 4 3: Festlegen d. Nutzungsklasse NKL 4: Aef ermitteln 5: Druckspannung ermitteln 6: Nachweis	

8.4. Nachweis Knickgefahr

Nachweis	$$\dfrac{N_d / A_n}{k_c \times f_{c,0,d}} \leq 1$$	
Schlankheitsgrad	$$\lambda = \dfrac{l_{ef}}{i}$$	lef = Ersatzstablänge $l_{ef} = \beta \times l$ i = Trägheitsradius $i = 0{,}289 \times b = \sqrt{\dfrac{l}{A}}$ „S.9.36"
Schlankheit	Schlankheit = Länge x Querschnitt	
Knickbeiwert kc	*Kleineren kc Wert bzw. größeren Lambda Wert annehmen*	Tab. 9.61 Arbeitsblatt
Maximale Normalkraft N	$\max. N = A_n \times k_c \times f_{c,0,d}$	
Algorithmus	1: Nd bzw. Ed ermitteln 2: NKL und KLED festlegen 3: Schlankheitsgrad ermitteln 4: kc aus Tabelle entnehmen 5: Nachweis führen	
Knicken _|_ y-Achse	$1: l_{ef} = \beta \times l\,[m]$ $2: \lambda = \dfrac{l_{ef}[cm]}{0{,}289 \times l_Z}$ $3: k_c\ aus - Tabelle$ $4: Nachweis: \dfrac{N_d / A_n}{k_c \times f_{c,0,d}} \leq 1$	
Knicken _|_ z-Achse	$1: l_{eff} = \beta \times L\ddot{a}ngeHolz(8/20 \Rightarrow 20)$ $2: \lambda = \dfrac{l_{ef}[cm]}{0{,}289 \times l_Y}$ $3: k_c\ aus - Tabelle$ $4: Nachweis: \dfrac{N_d / A_n}{k_c \times f_{c,0,d}} \leq 1$	
Erforderliche Plattendicke	$t_{Pl.} = 1{,}73 \times \ddot{u} \times \sqrt{\dfrac{N_d}{1{,}35 \times a \times b \times 21{,}8\left[\dfrac{kN}{cm^2}\right]}}$	

Kapitel 9 – Physik Grundlagen

9.1. Kräfte und Kraftarten

Schwerkraft, Gewichtskraft **F_G**	Jeder Körper wird im Schwerefeld eines Gestirns beschleunigt. Im Geichgewichtsfalle wirkt der Körper auf seine Unterlage eine Kraft au diese nennt man FG.	$F_{Gr} = \gamma \times \dfrac{m_1 \times m_2}{r^2}$ $F_G = m \times g$ $\gamma = F \times r^2 \Rightarrow \gamma_E = 6{,}673 \times 10^{-11} \dfrac{m^3}{kg \times s^2} \dfrac{N \times m^2}{kg^2}$ $g = \gamma \times \dfrac{m_1}{r^2} \Rightarrow g_E = 9{,}81 \dfrac{m}{s^2}$
Reibungskraft **F_R**	Wirkt immer gegen die Bewegungsrichtung. Abhängig von F_G sowie der Oberflächenbeschaffenheit.	$F_R = \mu \times F_N$ $F_R = F_G \times \cos\alpha$ $F_R = \mu \times m \times g \times \cos\alpha$ $\mu = \dfrac{N}{N} = 1 \Rightarrow \text{Re}ibungszahl$
Luftwiderstands-kraft **F_L**	Luftwiderstandszahl. Wird aus folgender Formel ermittelt.	$F_L = C_W \times A \times \dfrac{\rho}{2} \times v^2$ $v = Geschwindigkeit$ $\dfrac{\rho}{2} = Dichte-der-Luft-\dfrac{kg}{m^3}$ $A = Anströmfläche$ $C_W = Formwiderstamdszahl$
Trägheitskraft **F_T**	Ist der Widerstand zur Bewegungsänderung. Wirkt nur in einem beschleunigten System entgegengesetzt. Der Betrag ist gleich groß F_B. Sie hat keine Wechsel-Wirkung, Sie ist eine Scheinkraft und wird nur Von dem bewegten Beobachter wahr Genommen.	$F_T = m \times a$ $|F_T| = |F_B| \Rightarrow \vec{F}_T = -\vec{F}_B$ $\Rightarrow F_T - F_B = 0$
Normalkraft **F_N**	Ist die Kraft mit der der Körper auf seine Unterlage senkrecht drückt. Wirkt immer senkrecht zur Auflage.	$F_N = F_G \times \cos\alpha = m \times g \times \cos\alpha$ $\cos\alpha = \dfrac{F_N}{F_G}$
Hangabtriebskraft **F_H**	Wirkt immer hangabwärts parallel zur Fläche.	$F_H = F_G \times \sin\alpha = m \times g \times \sin\alpha$ $\sin\alpha = \dfrac{F_H}{F_G}$

Beschleunigungs-kraft **F_B**	Beschleunigungskraft ist die Kraft die einen Körper beschleunigt.	$F_B = m \times a$ $F_B = m \times \dfrac{\Delta v}{\Delta t} \Rightarrow \Delta t = \dfrac{m \times \Delta v}{F_B - \mu F \times m \times g}$ $F_B = m \times \dfrac{V_E^2}{2 \times S} \Rightarrow v = \sqrt{\dfrac{2 \times F_B \times S}{m}}$ $F_B = F_G - F_L$	
Zentripedalkraft, Radialkraft **F_r**	Die Zentripedalkraft, Radialkraft wirkt immer nach innen und ist die Ursache der Kreisbewegung.	$F_r = \dfrac{m \times v^2}{r}$ $= m \times \varpi^2 \times r$ $= m \times (2 \times \pi \times n)^2 \times r$	*Ansätze:* $F_r \leq F_{RH}$ $\dfrac{m \times v^2}{r} \leq \mu \times m \times g \times \cos \alpha$ $V_{max} = \sqrt{\mu \times g \times r \times \cos \alpha}$ $V_{max} = \sqrt{\mu_H \times g \times r}$
Fliehkraft und Zentrifugalkraft **F_Z**	Wird vom mitbewegten Beobachter wahr genommen. Sie ist eine Scheinkraft, eine Trägheitskraft. Sie hat den gleichen Betrag wie FR, <u>wirkt</u> aber <u>immer radial nach außen.</u>	$\sum F = 0$ $\sum F_{links} = \sum F_{rechts}$ $F_{RH} \geq F_Z$ $\mu \times m \times g \times \cos \alpha \geq \dfrac{m \times v^2}{r}$ $\mu \times g \geq \dfrac{v^2}{r}$	*ERGÄNZUNGEN:*
Federkraft **F_F**	Die Federkraft ist eine innere Kraft und wirkt der äußeren Kraft entgegen. Sie ist abhängig von einer Materialkonstante einschl. Formwert und ähnliches. Sie wirkt der Verformung entgegen.	$F_F = D \times \Delta S$ *HookscheGesetz*	Wirkt auf einen Körper eine Kraft ein, so wird er: $F_D \parallel F_N$ $F_Z \parallel F_N$ $F_{Schub} \perp F_N$ - gestaucht - gedehnt - gebogen

9.2. Spannung

δ		$\delta = \dfrac{F}{A}$ $\delta = E \times \dfrac{\alpha \times l_0 \times \Delta\Theta}{l_0}$ $\delta = E \times \alpha \times \Delta\Theta$ $[\delta] = \dfrac{N}{m^2} = 1Pa$ $1\dfrac{N}{mm^2} = 1MPa$	$\delta = E \times \varepsilon$ E = Materialkonstante = Elastizitätsmodul $[E] = \dfrac{N}{m^2} = 1Pa$ $m = \tan \alpha = \dfrac{\delta}{\varepsilon} = E$

9.3. Dehnung

| ε | | $\varepsilon = \dfrac{\Delta l}{l_0}$ $[\varepsilon] = 1\dfrac{m}{m} = 1$ | |

9.4. Schubspannung / Schiebung

| Schubspannung Schiebung τ, γ | | $\tau = \dfrac{F_{Schub}}{A}$ $\gamma = \dfrac{S_T}{S_0} = \tan\gamma$ $\tau = G \times \gamma$ | |

9.5. Federung

| Reihenfederung | | $\dfrac{1}{D_{ges}} = \dfrac{1}{d_1} + \dfrac{1}{d_2} + \dfrac{1}{d_3}$ | |
| Parallelfederung | | $D_{ges} = D_1 + D_2 + D_3$ | |

9.6. ARBEIT W, ENERGIE E, LEISTUNG P

| Mechanische Arbeit **Wmech** | Arbeit ist die Kraft in Wegrichtung mal den zurückgelegten Weg. Ist eine Skalare Größe, keine Richtung und kein Richtungssinn. Fälle bezüglich der Angriffsrichtung der Kraft. | $W_{MECH} = F_S \times S$ $[W] = N \times m = \dfrac{kg \times m^2}{s^2} = 1J\ldots$ $Bedingungen:$ $F = const.$ $\vec{F} \parallel \vec{S}$ | $F_S = F$ $W = F_S \times S$ $W = F \times S$

 $F_S = F \times \cos\alpha$ $W = F_S \times S$ $W = F \times S \times \cos\alpha$

 $F_S = -F \times \cos\alpha$ $W = F_S \times S$ $W = -F \times S \times \cos\alpha$ Das System gibt Arbeit ab!

 $F_S = 0$ $W = F_S \times S$ $W = 0$ Zwangskräfte verrichten keine mechanische Arbeit! |
| | Arbeit ist Energieumsatz. | Siehe weiter bei Energie | |

Arbeit **W**	Vorgangsgröße		
Energie **E**	Energie ist eine Zustandsgröße und kennzeichnet das Arbeitsvermögen! Intensive Größe	$[E]=[W]$ $[E]=[W]=1N \times m = 1\dfrac{kg \times m^2}{s^2}$ $1VAs = 1J$ $SI-fremd:$ $1kWh = 10^6 \times 3,6J = 3,6MJ$ $1cal = 4,19J$ $1kcal = 4,19kJ$	
Potentielle Energie **Epot**	Lageenergie Ist das Arbeitsvermögen aufgrund der Lage oder Anordnung der Teilchen.	$E_{pot} = m \times g \times h = F_G \times h$	
Kinetische Energie **Ekin**	Ist das Arbeitsvermögen aufgrund der Bewegung (Geschwindigkeit)	$E_{kin} = \dfrac{m \times v^2}{2}$ $...\Downarrow...$ $E_{kin} = E_{pot}$	
Verschiebungs-Arbeit	Verschiebungsarbeit ist die Arbeit ohne Beschleunigung. A=0 langsame Bewegungsänderung angenommen für Praxis. Verschiebungsarbeit kann auftreten bei der Verschiebung gegen die:	Schwerkraft F$_S$: *Siehe Hubarbeit* Federkraft F$_F$: *Siehe Federspannarbeit* Reibungskraft F$_R$: *Siehe Reibungsarbeit*	
Hubarbeit	Arbeit wird als Epot gespeichert und kann wieder zurück gewonnen werden.	$W = F_S \times S$ $F_S = F_G$ $F_G = const.$ $S \equiv h$ $W = E_{pot} = F_G \times h = m \times g \times h$	
Federspann-Arbeit	Arbeit wird als Epot gespeichert und kann wieder zurück gewonnen werden	$W = F_S \times S$ $F_S = F_F$ $F_S \parallel S$ $S \equiv \Delta S$ $F_F = D \times \Delta S$ $F_F \approx S$ $W = \dfrac{1}{2} \times F_S \times \Delta S = \dfrac{1}{2} \times D \times \Delta S$	

Reibungs- Arbeit	Wird in Wärmeenergie umgewandelt und ist als Emech verloren.	$W = F_S \times S$ $F_S = F_R$ $F_R = const.$ $F_R \parallel S$ $W = F_R \times S = \mu \times F_N \times S =$ $\mu \times g \times S \times \cos\alpha = \mu \times F_G \times S \times \cos\alpha =$ $\mu \times m \times g \times S \times \cos\alpha$	
Beschleunigungs-Arbeit	Beschleunigungsarbeit wird als kinetische Energie gespeichert. Ist die Arbeit gegen die Beschleunigungskraft.	$W = F_S \times S$ $F_S = F_B = m \times a \Rightarrow W_B = m \times a \times S$ $F_B = const.$ $\vec{F} \parallel S$ $a = \dfrac{V_E^2 - V_A^2}{2 \times S} \Rightarrow a = \dfrac{V^2}{2 \times S} \Rightarrow$ $W_B = \dfrac{m \times v^2 \times S}{2 \times S}$ $W_B = \dfrac{m \times v^2}{2} = E_{KIN}$	
EES Energie-erhaltungs-satz	Energie geht nicht verloren, kann nicht aus dem nichts gewonnen werden und ist umwandelbar. In einem abgeschlossenem System ist die Summe aus Epot (ohne Reibung) und Ekin immer gleich.	$E_{ges} = const.$ $E_{ges} = E_{KIN} + E_{POT}$ $al\lg emeiner - Ansatz:$ $E_{ges} = E_{POT} + E_{KIN} \rightarrow E = const.$	

9.7. LEISTUNG P und WIRKUNGSGRAD n

Leistung **P**	Skalare Größe	$P = \dfrac{W}{\Delta t} = \dfrac{Arbeit(Energieumsatz)}{Zeit}$ $[P] = \dfrac{Nm}{s} = \dfrac{J}{s} = \dfrac{Ws}{s} = 1W =$ $1\dfrac{VAs}{s} = 1VA = \dfrac{kg \times m^2}{s^3}$ $SI - fremd:$ $1PS = 736W = 0,736kW$ $P = \dfrac{W}{t} = \dfrac{F_S \times S}{t} \Rightarrow P = F \times v \Rightarrow P = 2\pi \times \eta \times r$	

Wirkungsgrad **n**	Der Wirkungsgrad ist das Verhältnis zwischen dem Nutzen und dem Aufwand. Er ist eine Vergleichsgröße, daher Einheitslos und kann als Dezimalzahl und daher auch in % angegeben werden.	$\eta = \dfrac{Nutzen}{Aufwand}$ $\eta = \dfrac{Pab}{Pzu} = \dfrac{Eab}{Ezu} = \dfrac{Wab}{Wzu} = \dfrac{P_{exi}}{P_{ing}}$ $[\eta] = 1\dfrac{W}{W} = 1\dfrac{J}{J} = 1$ $\eta = 0 \Rightarrow kein-Widerspruch-aber-un\sin n$ $\eta = 0 \Rightarrow Aufwand = 0$ $\eta = 1 \Rightarrow physikalisch-unmöglich$ $\eta = 1 \Rightarrow perpetoum-mobile$ $\eta_{ges} = \eta_1 \times \eta_2 \times ... \eta_n = \prod_{K=1}^{\eta} \times \eta_K$ $ist-das-\Pr odukt-der-einze\ln en-Wirkungsgrade$	

9.8. Impuls P und Kraftstoß

Impuls **P**	Aus dem Grundgesetz der Mechanik, F=mxa mit a=v/t Ist das Produkt aus Masse und Geschwindigkeit. In einem abgeschlossenen System, ohne Reibung, ist der Gesamtimpuls konstant. Die Summe der Teilimpulse vor dem Kraftstoß = der Summe der Teilimpulse nach dem Kraftstoß. Impuls ist ein Vektor. Impulserhaltungsgesetz IES	$F = m \times \dfrac{\Delta v}{\Delta t} \Rightarrow F \times \Delta t = m \times \Delta v$ $P = m \times v$ $\sum P_{vor} = \sum P_{nach}$ $P_{ges} = const.$	
Unelastischer Stoß	Bei Wechselwirkung zweier Körper entsteht an der Berührungsstelle eine bleibende Verformung. Nach dem Stoß bewegen sich beide Körper gemeinsam weiter. Die Verformungsarbeit (Reinungsarbeit) wird in Wärme umgewandelt. EES gilt hier nicht. IES gilt.	$Ansatz:$ $\sum P_{vor} = \sum P_{nach}$ $m_1 \times V_{1A} + m_2 \times V_{2A} = (m_1 + m_2) \times V_E$ $V_E = \dfrac{m_1 \times V_{1A} + m_2 \times V_{2A}}{m_1 + m_2}$	Wirkt eine Kraft F mit Dauer t auf einen Körper ein, dann spricht man von einem Kraftstoß. Je nach Art der Verformung unterscheidet man zwischen einem elastischen und einem unelastischem Stoß.

| Elastischer Stoß | Bei Wechselwirkung zweier Körper entsteht an der Berührungsstelle eine nicht bleibende verformung. Bsp. Flummi. Nach dem Stoß bewegen sich beide Körper getrennt voneinander. Es gilt EES und IES | $nach-EES:$ $\sum E_{KINvor} = \sum E_{KINnach}$ $\frac{m_1 \times V_{1A}^2}{2} + \frac{m_2 \times V_{2A}^2}{2} = \frac{m_1 \times V_{1E}^2}{2} + \frac{m_2 \times V_{2E}^2}{2}$ $m_1 \times (V_{1A}^2 - V_{1E}^2) = m_2 \times (V_{2E}^2 - V_{2A}^2)$ $nach-IES:$ $\sum P_{vor} = \sum P_{nach}$ $m_1 \times V_{1A} + m_2 \times V_{2A} = m_1 \times V_{1E} + m_2 \times V_{2E}$ $m_1 \times (V_{1A} - V_{1E}) = m_2 \times (V_{2E} - V_{2A})$ $V_{1E} = \frac{m_1 - m_2}{m_1 + m_2} \times V_{1A} + \frac{2 \times m_2}{m_1 + m_2} \times V_{2A}$ $V_{2E} = \frac{m_2 - m_1}{m_1 + m_2} \times V_{2A} + \frac{2 \times m_1}{m_1 + m_2} \times V_{1A}$ $Sonderbeispiele:$ $m_1 = m_2 \dots und \dots v_1 \| v_2 \Rightarrow V_{1E} = V_{2A} \rightarrow V_{2E} = V_{1A}$ $m_1 = m_2 \dots und \dots v_1 = -v_2 \Rightarrow V_{1E} = -V_{2A} \rightarrow V_{2E} = -V_{1A}$ |

9.9. Eigene Ergänzungen

Kapitel 10 – Statik

10.1. Regeln zur Ermittlung und Darstellung der Schnittkräfte	
10.1.1. Normalkräfte	H=0 → N=0
	N-Kräfte nur zwischen festen Lager (a) und Angriffspunkt H-Kraft
	Zug = + Druck = -
10.1.2. Querkräfte *Am Auflager*	Q = Stützkraft (beachte Vorzeichenregel)
Querkraftverlauf	Keine Kraft → waagerechter Verlauf Einzellast → Sprung / Absatz Streckenlast → Schräger Verlauf
10.1.3. Querkraftnullstelle *(im Bereich von Streckenlasten)*	$\dfrac{Querkraft}{Streckenlast} = \dfrac{Q}{q}$
10.2. Biegemomente	
Am frei drehbaren Endauflager	M muss = 0 sein
Biegemomentenverlauf	keine Kraft → schräge Gerade Einzellast → Knickstelle Streckenlast → Parabellförmiger M-Verlauf
Maximaler Moment	Immer an der Querkraftnullstelle
	Größe M an einer bestimmten Stelle = Flächeninhalt der Querkraftfläche vom Auflager bis zu dieser Stelle
10.3. Eigene Ergänzungen	

10.4. Beispiel

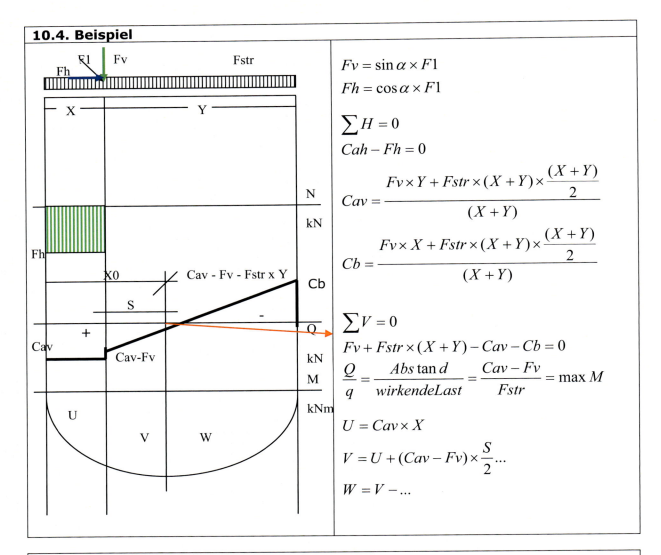

$Fv = \sin\alpha \times F1$

$Fh = \cos\alpha \times F1$

$\sum H = 0$

$Cah - Fh = 0$

$Cav = \dfrac{Fv \times Y + Fstr \times (X+Y) \times \dfrac{(X+Y)}{2}}{(X+Y)}$

$Cb = \dfrac{Fv \times X + Fstr \times (X+Y) \times \dfrac{(X+Y)}{2}}{(X+Y)}$

$\sum V = 0$

$Fv + Fstr \times (X+Y) - Cav - Cb = 0$

$\dfrac{Q}{q} = \dfrac{Abs\tan d}{wirkende Last} = \dfrac{Cav - Fv}{Fstr} = \max M$

$U = Cav \times X$

$V = U + (Cav - Fv) \times \dfrac{S}{2} ...$

$W = V - ...$

10.5. Vorzeichenregelung

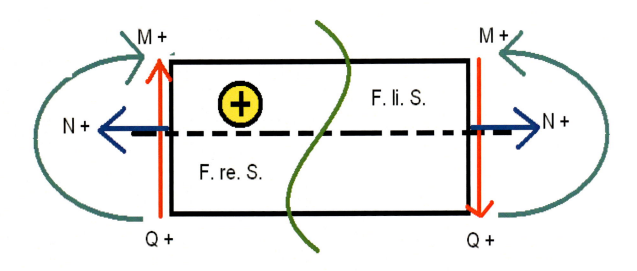

10.6. Zugspannungen

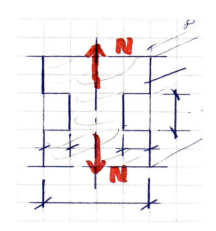

Mit welcher Zugkraft N darf der Stab belastet werden?

$$G_{ZII} = zulässig - Sigma - Zug("S-9.7")$$

$$G_{ZII} = X \frac{kN}{cm^2}$$

$$vorhG = \frac{N}{A_N}$$

$$N = vorhG_{ZII} \times A_N$$

$$A_N = b \times h \times t - A_{Aussparung}$$

Schneider:
„S"-9.14
„S"-9.07

G_{ZII}=„S"-9.07

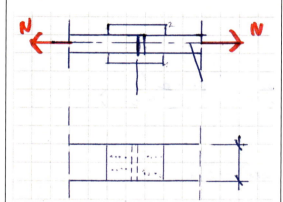

Zugstabstoß: [genagelt]

Nachweiß Zugstab nach Formeln: "S-9.14"

$$\frac{\frac{N}{A_N}}{zulG_{ZII} \times 0,8} \leq 1 \Rightarrow erfüllt$$

„S-9.7"   „S-9.14"
Sind keine weiteren Angaben gemacht, so gilt S10 „S-9.7"

Nachweiß Laschen:

$$\frac{1,5 \times N}{\frac{A_N}{zulG_{ZII}}} \leq 1 \Rightarrow erfüllt$$

Schneider:
„S"-9.07
„S"-9.14

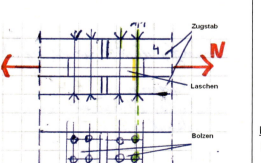

Zugstabstoß, Schnittführung zur Berechnung

Nachweiß Zugstab:

$$\frac{1,5 \times N}{\frac{A_N}{zulG_{ZII}}} \leq 1 \Rightarrow erfüllt$$

$$\frac{1,5 \times N}{\frac{A_N - \varnothing Bolzen...*}{zulG_{ZII}}} \leq 1$$

Bolzenabzugsberechnung:
$\varnothing Bolzen \times Zugstabstärke \times Anzahl -$
$Zugstab \times Anzahl - Bohrungen$

Nachweiß Laschen:

$$\frac{\frac{N}{A_N}}{zulG_{ZII}} \leq 1$$

Schneider:
„S"-8.39
„S"9.14

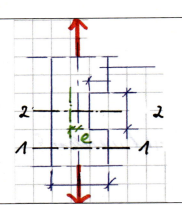

Nachweiß Schnitt 1-1:

$$\frac{\frac{N}{A_N}}{zulG_{ZII}} \leq 1 \Rightarrow erfüllt$$

Nachweiß Schnitt 2-2:

$$M = N \times e$$

Im Schwächungsbereich entsteht ein Biegemoment, Beanspruchung auf Zugkraft und Biegung. → nach Formel 11-S.9.14 (später)

Schneider „S"-9.14

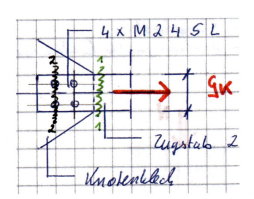

Zugstabbauschluss an ein Knotenblech:

Nachweiß Zugstab:
Schnitt immer an schwächster Stelle!
S-8.5a   S-8.5c

$$G_{Z,d} = \frac{G_K \times \gamma_F \times \Psi}{A_N - Fehlfläche}$$

Bolzen bei 8.39

$$erreichte Grenzspannung = \frac{G_{Z,d}}{G_{Z,R,d}} \leq 1$$

$$G_{Z,R,d} = bei St37-2 = 21,8$$

maximale Zugkraft:

$$N_d = G_{Z,R,d} \times A_N$$

$$G_K = \frac{N_d}{\gamma_F}$$

10.7. Zugbeanspruchte Stahlbauteile

Stahlbauteile →	*Berechnung nach Grenzzuständen*
	$G_{Z,d}$ = Bemessungswert (d) der Zugspannung N_d = Bemessungswert der Zugkraft A_n = nutzbare Querschnittsfläche $G_{Z,R,d}$ - Grenzspannung „zulässige Spannung" $f_{y,k}$ = Streckgrenze „S"-8.04 γ_M = Teilsicherheitsbeiwert „S"-8.05 $$G_{Z,d} = \frac{N_d}{A_n}$$ $$N_d = N_K \times \gamma_F \times \Psi$$ $$G_{Z,R,d} = \frac{f_{y,K}}{\gamma_M}$$ $$\frac{G_{Z,d}}{G_{Z,R,d}} \leq 1$$ **Beispiel am Stahl St 37-2 (S 235)**

	$G_{Z,R,d} = \dfrac{240}{1,1} = \dfrac{Streckgrenze - 8.4}{Teilsicherheit - 8.5b}$ $G_{Z,R,d} = 218 \dfrac{N}{mm^2} = 21,8 \dfrac{kN}{cm^2}$	
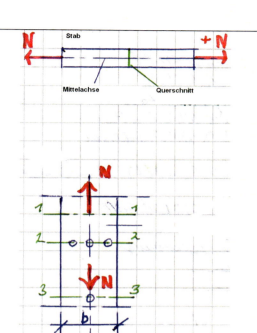	**Allgemein:** Spannung = Kraft / Querschnittsfläche $G_Z = \dfrac{N}{A_N} \Rightarrow G_Z \rightarrow Zugspannung \dfrac{kN}{cm^2}$ $N = Normalkraft[kN]$ $A_N = Netto-Querschnittsfläche[cm^2]$ $1-1: A_N = b \times d$ $2-2: A_N = b \times d - (3 \times d_{Bo} \times d)$ $3-3: A_N = b \times d - (1 \times d_{Bo} \times d)$	

10.8. Zugstäbe aus Holz

	$G_{Z\perp} - Zugspannung - rechtwinklig$ $G_{ZII} - Zugspannung - parallel - Faser$ <u>Nachweiß:</u> $\dfrac{vorh G_Z}{zul G_Z} \leq 1$	Schneider „S"-9.09u „S"-9.10o „S"-9.07

10.9. Winkelfunktionen

$\sin = \dfrac{GK}{H}$	$\cos = \dfrac{AK}{H}$	$\tan = \dfrac{GK}{AK}$

10.10. Geneigte Träger mit Einzellasten

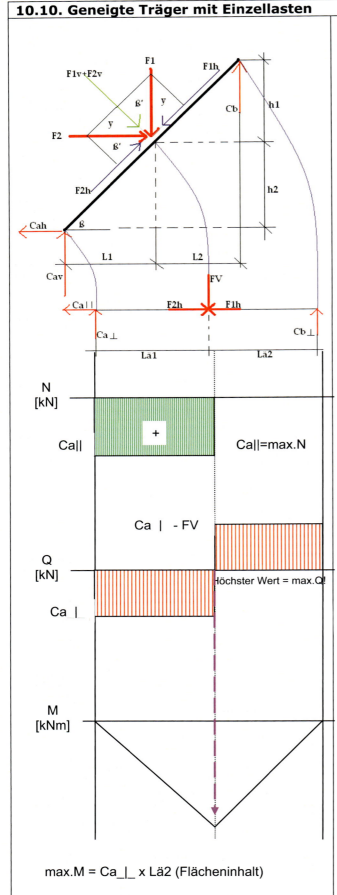

Höhenberechnung:

$h1 = \tan \beta \times L2$

$h2 = \tan \beta \times L1$

1. Stützkräfte:

$\sum H = 0$

$Cah - F2 = 0 \Rightarrow Cah = +F2$

$\sum Ma = 0$

$F2 \times h2 + F1 \times L1 - Cb \times (L1 + L2) \Rightarrow$

$Cb = \dfrac{F2 \times h2 + F1 \times L1}{(L1 + L2)} = Erg1$

$\sum Mb = 0$

$Cav = \dfrac{F1 \times L2 + F2 \times h1 - Cah \times (h1 + h2)}{(L1 + L2)}$

$Cav = Erg2$

2. Schnittkräfte:

Zerlegung von F1:

$\perp = \cos \beta' \times F1 = F1v$

$\parallel = \sin \beta' \times F1 = F1h$

$\perp + \parallel \Rightarrow F1v + F2v = FV$

Zerlegung von F2:

$\perp = \sin \beta' \times F2 = F2v$

$\parallel = \cos \beta' \times F2 = F2h$

3. Momente:

$\sum H = 0$

$Ca \parallel - F2h + F1h = 0$

$Ca \parallel = Erg3$

$Ca \perp = \dfrac{FV \times L\ddot{a}2}{(L\ddot{a}1 + L\ddot{a}2)} = Erg4$

$Cb \perp = \dfrac{FV \times L\ddot{a}1}{(L\ddot{a}1 + L\ddot{a}2)} = Erg5$

$L\ddot{a}1 = \sqrt{L1^2 + h2^2}$

$L\ddot{a}2 = \sqrt{L2^2 + h1^2}$

max.M = Ca_|_ x Lä2 (Flächeninhalt)

10.11. Geneigte Träger mit Streckenlasten

Höhenberechnung:

$$\tan \beta = \frac{h}{L1} \Rightarrow h = \tan \beta \times L1 = h1$$

Ermittlung der Stützkräfte:

$$\sum H = 0$$

$$Cah = F2 \times h1 = Erg1$$

$$\sum Ma = 0$$

$$Cb = \frac{F2v \times h1 \times \frac{h1}{2} + (F1 + F2h) \times L1 \times \frac{L1}{2}}{L1}$$

$$Cb = Erg2$$

$$\sum Mb = 0$$

$$Cav = \frac{(F1 + F2h) \times 4 \times \frac{4}{2} + F2v \times h1 \times \frac{h1}{2}}{4}$$

$$\frac{-Cah(Erg1) \times h1}{4} = Erg3$$

Probe:

$$\sum V = 0$$

$$(F1 + F2h) \times L1 - Cb(Erg2) - Cav(Erg3) = 0$$

Maximale Biegemoment M:

$$\perp = F1 \times \cos^2 \beta = Erg4 \Rightarrow [kn/m]$$

$$\parallel = F1 \times \sin \beta \times \cos \beta = Erg5 \Rightarrow [kN/m]$$

$$\sum Kr\ddot{a}fte \parallel = 0$$

$$Ca \parallel = Erg5 \times L2 = Erg6$$

$$Ca \perp = Cb \perp = \frac{(Erg4 + F2h) \times L2}{2} = Erg7$$

$$\max M = \frac{(Erg4 + F2h) \times L2^2}{8} \Rightarrow \frac{q \times l^2}{8}$$

$$\max M = Erg8$$

$$\sqrt{h1^2 + L1^2} = L_2$$

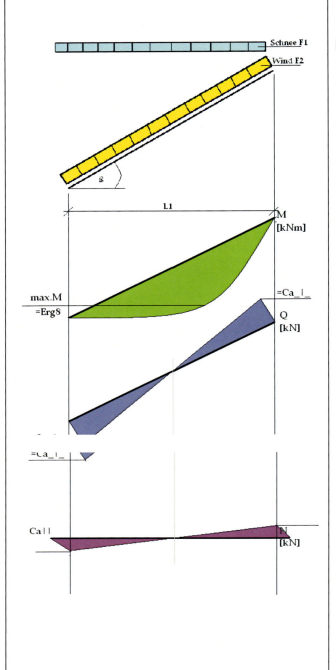

Darstellung Schnittkraftverlauf

10.12. Trägheitsmoment I		
	$erf.I = \dfrac{Formelwert}{E \times \dfrac{l}{300}}$	Schneider 4.2
10.13. Durchbiegung fmitte		
	$f_{Mitte} = \dfrac{Formelwert}{E \times I}$	Schneider 4.2
10.14. Biegespannung Sigma B		
	$\varsigma_B = \dfrac{\max M}{W}$	W – Schneider 8.94 bei HEA-Profilen

10.15. Elastizitätsmodul E

$$E = \frac{Spannung\_\varsigma}{Dehnung\_\varepsilon}$$

10.16. Widerstandsmoment W

$$erf.W = \frac{\max M}{zul.\varsigma_B}$$

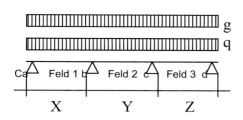

$$Iy = \sum(I_{yi} + A_i \times z_i^2)$$
$$Iz = \sum(I_{zi} + A_i \times y_i^2)$$

„Satz von Steiner"

Iyi; Izi = Trägheitsmoment der Teilflächen

Ai = Flächeninhalt der Teilflächen

Zi;yi = Abstände v. d. Schwerpunkten d. Teilflächen

10.17. DLT – Durchlaufträger

```
|||||||||||||||||||||||||||||||| g
|||||||||||||||||||||||||||||||| q
Ca  Feld 1  b  Feld 2  c  Feld 3  d
    X         Y         Z
```

01: **maximale Stützkräfte**
- Ca im Feld ? und ?
- Cb im Feld ? und ?   } nach Schneider 4.13 [kN]
- Cc im Feld ? und ?
- Cd im Feld ? und ?

02: **maximale Momente**
- max. M1 …
- max. M2 …   } [kNm]
- max. M3 …

03: **minimale Momente**
- min. Mb …   } [kNm]
- min. Mc …

Bei gleichen Stützweiten (X=Y=Z) → Schneider 4.07 ($g:p = \frac{q}{g+p}$)

Bei ungleichen Stützweiten → Schneider 4.08
Zuerst g über alle Felder Betrachten, dann q nach Zusammenstellung (01 … 03) S. 4.13

! Ca und Cb sind nach Mittelwert von X und Y zu errechnen !
! Cc und Cd sind nach Mittelwert von Y und Z zu errechnen !
! **M1** → Länge Feld 1; **M2** → Länge Feld 2; **M3** → Länge Feld 3 !
! min. Mb → Länge = Mittelwert von X und Y !
! min. Mc → Länge = Mittelwert von Y und Z !

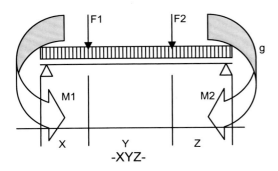

$$Cbr = \frac{M1 + g \times XYZ \times \dfrac{XYZ}{2} + F2 \times Z + F1 \times (Y + Z) - M2}{XYZ}$$

Drehrichtung beachten! Alle Momente werden mit eingerechnet!

$$Ccl = \frac{M2 + F2 \times (X + Y) + F1 \times X + g \times XYZ + \dfrac{XYZ}{2} - M1}{XYZ}$$

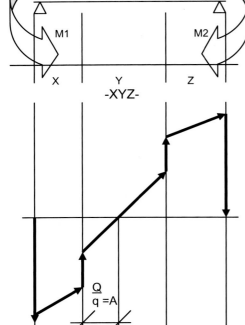

$$M = -F1 \times A - 7 \times (A + X) \times \frac{(A + X)}{2} - M1 + Cbr \times (A + X)$$

An dem geschnittenen Punkt werden die sich davon links befindenden Kräfte betrachtet und wie bekannt im oder entgegengesetzt, je nach Uhrzeigersinn + oder − für das gesuchte Moment M berechnet.

10.18. 3 Momentengleichung nach Clapeyron

$$M_l \times l_l + 2 \times M_m \times (L_l + L_r) + M_r \times L_r = -R_e \times l_l - L_r x l_r$$

10.19. Nullstellengleichung

$$x_{1,2} = -\frac{p}{2} \pm \sqrt{\frac{p^2}{4} - q}$$

10.20. Eigene Ergänzungen

Eigene Ergänzungen

Eigene Ergänzungen

Schlusswort und Schlussbestimmungen

Keine Abmahnung ohne vorherigen Kontakt.

Sollten einzelne Inhalt oder Aufmachung dieser Webseite Rechte Dritter, gesetzliche oder Wettbewerbsrechtliche Bestimmungen verletzen, bitten wir um kurze Benachrichtigung ohne Ausstellung einer Kostennote. Zu Recht beanstandete Passagen, Grafiken oder Textteile werden schnellstmöglich von uns entfernt und/oder richtig gestellt, so dass die Einschaltung eines Rechtsbeistandes nicht erforderlich ist. Dennoch von Ihnen ohne vorherige Kontaktaufnahme ausgelöste Kosten werden wir vollumfänglich zurückweisen und ggf. Gegenklage wegen Verletzung der vorgenannter Bestimmungen einreichen.

Bitte nutzen Sie auch unseren Webservice:

www.tarifeguenstig.eu

www.gascheck24.eu

www.3dtv-screen.de

Literaturempfehlungen:

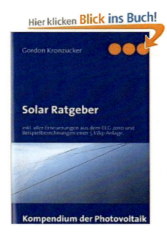

Solar Ratgeber:
Kompendium der Photovoltaik
von Gordon Kronzuker

- **Broschiert:** 48 Seiten
- **Verlag:** Books on Demand; Auflage: 2. Auflage. (15. Oktober 2010)
- **Sprache:** Deutsch
- **ISBN-10:** 384232541X
- **ISBN-13:** 978-3842325418